美军装备试验鉴定人才培训研究

陈小卫　薛　勇　等编著

国防工業出版社
·北京·

内 容 简 介

本书系统介绍了美军装备试验鉴定人才培训基本情况，主要包括培训对象、管理体系、法规体系、实施体系、培训资源等，重点介绍了美国国防部、各军兵种、地方单位各层次试验鉴定培训班次培训目标、课程设置、主要内容，梳理总结了美军装备试验鉴定人才培训的经验特点，最后给出了加强我国装备试验鉴定人才培训的启示与建议。

本书适合于科研院校从事装备采办、试验鉴定等领域人才培养工作的教师、管理人员使用，也可以为其他领域工作人员提供参考。

图书在版编目（CIP）数据

美军装备试验鉴定人才培训研究/陈小卫等编著．—北京：国防工业出版社，2024. 6

ISBN 978-7-118-13217-5

Ⅰ. ①美…　Ⅱ. ①陈…　Ⅲ. ①武器装备–武器试验–人才培养–研究–美国　Ⅳ. ①TJ01

中国国家版本馆 CIP 数据核字（2024）第 065037 号

※

国防工业出版社出版发行

（北京市海淀区紫竹院南路 23 号　邮政编码 100048）

三河市天利华印刷装订有限公司印刷

新华书店经售

*

开本 710×1000　1/16　**印张** 9½　**字数** 185 千字

2024 年 6 月第 1 版第 1 次印刷　**印数** 1—1500 册　**定价** 88. 00 元

（本书如有印装错误，我社负责调换）

国防书店：（010）88540777　　书店传真：（010）88540776

发行业务：（010）88540717　　发行传真：（010）88540762

编写人员

陈小卫　薛　勇　边晓敬　陈　瑜
白洪波　孟　礼　韦国军　彭　佳

当前，装备试验鉴定工作受到空前重视，试验任务日益繁重。提升试验能力水平，确保试验质量，离不开一支高素质、专业化的试验鉴定人才队伍。试验鉴定人才队伍建设又离不开内容齐全、覆盖全面、针对性强的试验鉴定人才培训体系。目前，我国装备试验鉴定人才培训体系建设尚处于起步阶段，试验鉴定学科基础相对薄弱。如何构建针对性的装备试验鉴定人才培训体系，既符合新体制下“性能试验-状态鉴定、作战试验-列装定型、在役考核-改进升级”3个环路试验鉴定工作特点，又能满足各类试验鉴定岗位不同层次人员职业成长需求，是一个值得探索和研究的问题。

美军在装备试验鉴定人才培训工作方面积累了丰富的经验，早在20世纪70年代，美军就对涵盖试验鉴定专业领域的国防采办人员进行了专职培训。为此，本书开展美军装备试验鉴定人才培训研究，梳理美军装备试验鉴定培训体系的基本情况、经验做法，为我军开展相关工作提供借鉴。全书共分7章。第1章主要介绍美军装备试验鉴定人才培训的相关概念；第2章从整体上介绍美军装备试验鉴定人才培训体系的概况，包括发展历程、培训对象、管理体系、法规体系、实施体系等；第3章~第5章分别从国防部、军兵种、地方单位3个层面详细阐述美军装备试验鉴定人才培训体系基本情况，包括培训班次、培训对象、内容设置等；第6章主要介绍美军装备试验鉴定人才培训资源情况；第7章主要介绍美军装备试验鉴定人才培训特点及启示建议。

本书由陈小卫、薛勇、边晓敬、陈瑜等人共同撰写。全书由薛勇设计框架，第1章和第2章由陈小卫、边晓敬撰写，第3章由边晓敬、韦国军撰写，第4章由陈瑜、白洪波撰写，第5章和第6章由薛勇、陈小卫撰写，第7章由陈小卫、彭佳撰写，附录由孟礼整理，全书由陈小卫统稿。

受掌握的资料和编者水平的限制，本书难免有疏漏和不妥之处，敬请读者批评指正。

目录

第1章 绪 论

1.1 研究背景

近年来，装备试验鉴定工作受到空前重视。当前我国重塑了装备试验鉴定体系，重新界定了装备试验鉴定工作，成立了相对独立和集中统一的试验鉴定管理机构，相继制定颁发了一系列装备试验鉴定政策法规。装备试验鉴定工作已覆盖武器装备的全寿命周期，所有新型武器装备都必须通过严格的鉴定定型程序才能列装部队。

百年大计，教育为本。加快推进装备试验鉴定工作，提升装备试验能力和水平，人才是关键。特别是新一轮改革后，试验鉴定体系呈现诸多新变化，试验任务也呈现出高密度、高技术等特点，对人员专业化水平提出了较高的要求。新体制下，试验鉴定工作对试验鉴定人才教育培训提出了新的需求。

1. 试验鉴定工作转型发展对试验鉴定人才培养提出了新的要求

随着我军装备试验鉴定转型发展，试验鉴定工作由原来改革前的性能试验为主转变为“性能试验-状态鉴定、作战试验-列装定型、在役考核-改进升级”3个环路工作，试验鉴定阶段也延伸到装备全寿命周期。试验鉴定对象也由单一装备为主扩展到装备系统，甚至装备体系。试验鉴定内容不仅涉及军事装备技术性能本身，而且还涉及装备的作战运用、装备体系评估等。为此，试验鉴定工作内容、理论方法、技术手段等也发生了较大变化，这对试验鉴定人才培养提出了新的要求。特别是作战试验与在役考核，属于新的试验类型，尚处于探索实践阶段，其理论方法远未成熟，尤其需要开展针对性的教育培训。

2. 试验鉴定人才队伍建设亟需构建新型试验鉴定人才培训体系

新形势下装备试验鉴定工作面临着诸多挑战，一方面，试验鉴定工作模式、内容发生了变化；另一方面，试验鉴定对象也在飞速发展，以信息技术为先导的一系列高新技术在武器装备中的应用，使武器装备作战性能不断提高，装备发展日趋信息化、智能化、隐身化、模块化、精确化、远程化、束能化、一体化，系统结构变得日益复杂，技术跨度越来越大，这对现有试验鉴定理论与技术提出了新的挑战。这些挑战对试验鉴定工作人员素质提出了更高的要求，迫切需要加快试验鉴定人才队伍建设。从查阅资料情况来看，我国专门从事装备试验鉴定人才培训的单位还不多。根据教育部颁布的普通高等学校本科专业类教学质量国家标准，目前我国未设置试验鉴定本科专业，仅有部分院校在控制科学与工程、航空宇航科学与技术、统计学、兵器科学与技术、机械工程、管理科学与工程等一级学科下招收培养试验鉴定相关方向的研究生。然而，从事试验鉴定工作人员众多，岗位类型、层次多样。岗位类型涵盖试验总体、组织管理、数据采集、试验保障等，岗位层次覆盖初级、中级、高级等多个层次。为此，现有试验鉴定人才培训体系培训层次、规模难以满足试验鉴定工作发展需求，急需构建系统规范的新型试验鉴定人才培训体系。

1.2 研究目的及意义

美军在武器装备采办领域积累了丰富经验，形成了较为完善的试验鉴定体系，特别是在试验鉴定人才培养方面也积累了丰富经验。为此，本书针对新体制下装备试验鉴定人才培训体系急需构建的问题，开展美军装备试验鉴定人才培训体系研究，重点梳理美军装备试验鉴定领域培训的基本情况、主要做法、特点、经验教训，为我军开展相关工作提供借鉴。

一是为构建新型试验鉴定人才培养体系提供借鉴。美军早在20世纪70年代就开展了试验鉴定人才培训工作，构建国防部统一管理与军兵种分散管理相结合的培训管理体系。美军装备试验鉴定部门高度重视试验鉴定工作，与国防采办大学、各军兵种院校，制定了试验鉴定人员职业路径成长模型。在法规制度方面，为规范试验鉴定人才培训，制定了《加强国防采办队伍法》《国防采办教育、培训与职业发展计划》等一系列法规制度。同时，美军在试验鉴定理论上也走在世界前列，尤其是关于作战试验理论，早在20世纪70年代就开始了相关研究。1983年，美国国防部成立了专门的作战试验鉴定局，专门统管作战试验鉴定理论研究与实践工作。我军试验鉴定人才培养尚处于起步阶段，试验鉴定人才培养体系急需构建，美军的相关经验可起到重要借鉴作用。

二是为装备试验鉴定学科建设提供借鉴。人才培养必须依托相应学科开展，学科建设水平直接影响着人才培养质量。目前，美军装备试验鉴定学科基础扎实，除了美军国防部所属国防采办大学承担主要的试验鉴定人才培训外，空军理工学院、空军试飞员学院，以及佐治亚理工学院、佛罗里达大学等地方著名高校都设立了试验鉴定学科，其试验鉴定课程体系、教学内容等已经历了多轮迭代完善，其先进做法可为当前我国装备试验鉴定学科建设提供借鉴。

1.3 相关概念及定义

1.3.1 国防采办

按照美国国防部定义，国防采办是指武器系统或其他系统供应品、劳务（包括建筑）的方案论证、立项、设计、研制、试验、签订合同、生产、部署、后勤保障和退役处理等一系列活动，旨在满足国家防务需求。武器装备采办则是国防采办的典型代表。

为了确保采办项目取得成功，并对其执行过程进行有效管理，美国国防部采用系统工程方法构建了国防采办系统，并将其作为国防采办三大决策支持系统之一。国防采办系统是一个基于事件的系统，其采办项目从开始到结束将经历一系列采办阶段和里程碑审查。美军通常采用“渐进式采办”策略，将装备采办过程分为5个阶段：解决方案分析阶段（Material Solution Analysis，MSA）、技术成熟与风险降低阶段（Technology Maturation & Risk Reduction，TMRR）、工程与制造开发阶段（Engineering & Manufacturing Development，EMD）、生产与部署阶段（Production and Deployment，PD）和作战与保障阶段（Operations and Support，OS）。具体如图1.1所示。

1.3.2 国防采办人员

美国国防采办人员是指国防采办全寿命过程中所需技术、管理和业务人员的总称，包括军职、文职和合同制人员。

2017财年，美国国防采办人员按专业分为15个领域，包括审计，成本估算，财务管理，合同签订，工程（技术专家），设施工程，工业与合同资产管理，信息技术，全寿命后勤，生产、质量与制造，项目管理，采购（政府采购代表和监督采购代表），科学与技术管理，小企业（指导小企业进入国防市场人员），试验鉴定。因此，试验鉴定也是国防采办重要领域之一。

美国国防采办人员由军职、文职与合同聘用人员组成。其中，正式人员主要包括军职人员和文职人员。正式人员主体为文职人员，文职人员与军职人员的比例大体为10∶1。截至2017财年（本节数据如无特别标明，均为2017财年底数据），美国国防采办队伍总计约165000人，其中军职采办人员大约15000人（9%）、文职采办人员约有150000人（91%）。

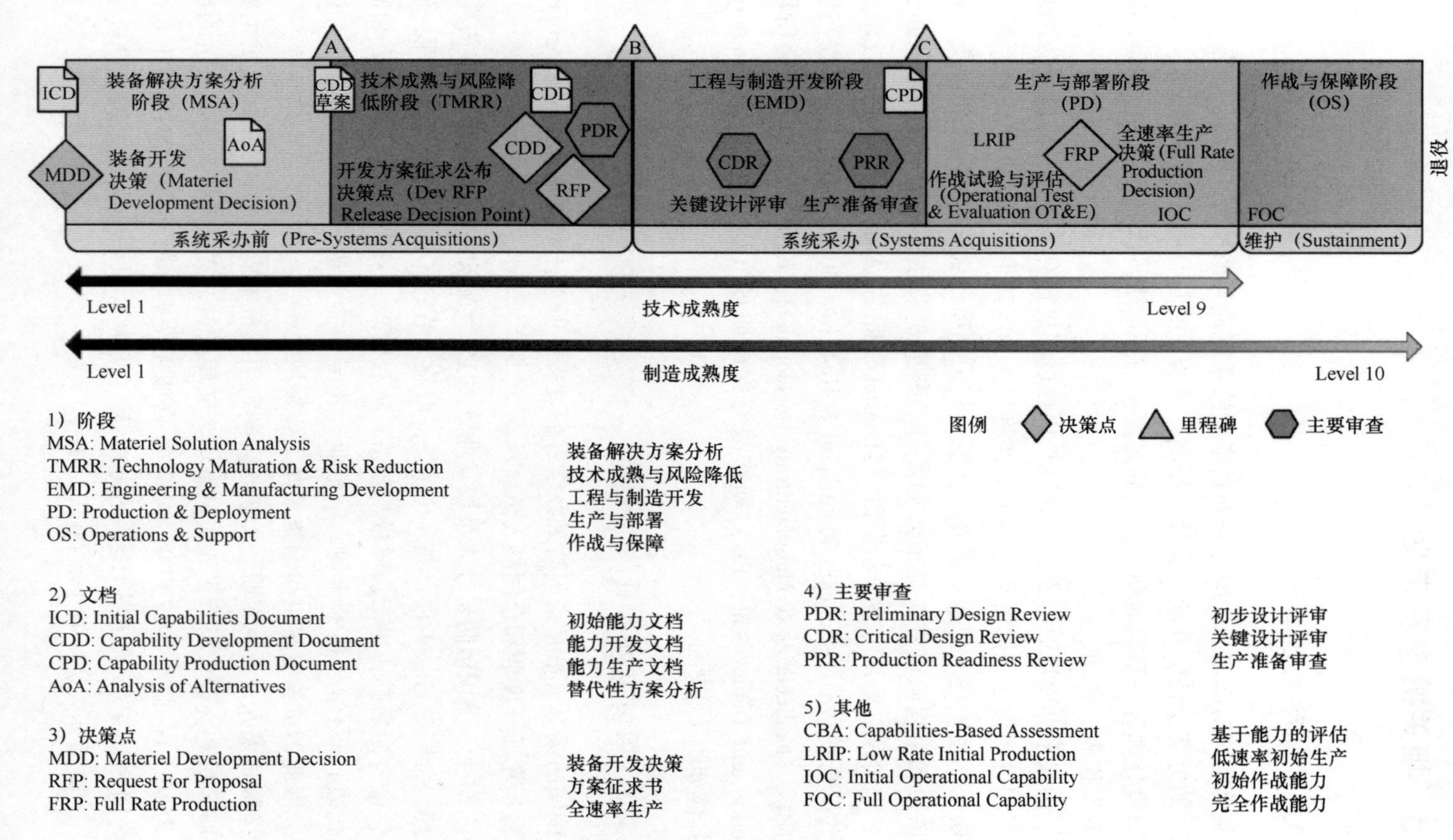

图1.1 美国武器装备采办过程

从各军兵种看，海军采办人员总数最多，为58050人，其中文职人员54347人、军职人员3703名，军职和文职人员的比例为1∶15.7；其次是陆军，采办人员总数为38695人，其中文职人员36905人、军职人员1790名，军职和文职人员的比例为1∶19；空军采办人员总数为37552，其中文职人员28719、军职人员8833，军职和文职人员的比例为1∶3；海军陆战队采办人员总数为2858人，其中文职人员1943人、军职人员915人，军职和文职人员的比例为1∶2.1。

从职业领域看，文职采办人员中，工程（41541人，27.83%）和合同签订（26139人，17.51%）是规模最大的两个职业领域，共占到文职采办人员总数的45.3%。其次是全寿命后勤（12.5%）和项目管理（8.3%）。各领域文职人员情况如图1.2所示。

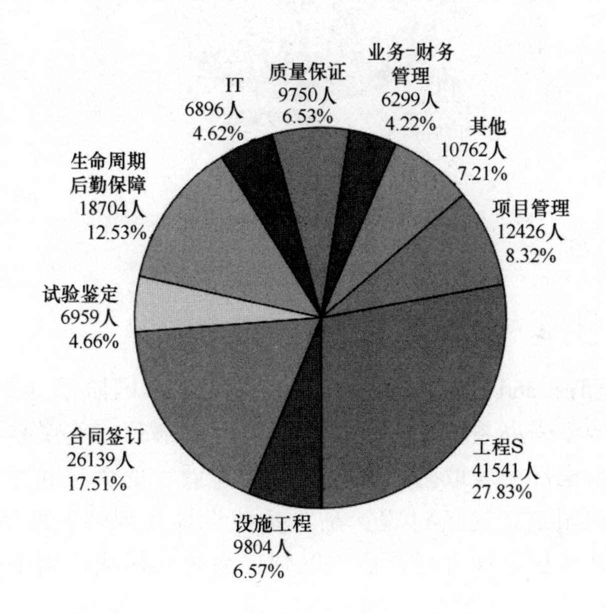

图1.2　美军采办职业领域文职人员分布情况

军职采办人员中，项目管理（31%）和合同签订（29%）两个采办职业领域聘用了约60%的军职采办人员，其次是试验鉴定（11.71%）、工程（10.08%）、全寿命后勤（7.85%）和生产、质量与制造（7.66%）。截至2017财年底，审计、设施工程、工业和合同资产管理等职业领域军职采办人员总和还不到10人，如图1.3所示。

除了上述国防部文职和军职采办队伍外，美国政府还根据任务需要，聘用一定数量的合同制职员（美国称为Contractor Personnel），主要负责协助正式采办管理人员开展辅助性工作，如合同签订前的准备工作、采办实施过程中的项目管理工作、维修保障工作等。目前，美军采办领域聘用的合同制人员数量在2万人以上。

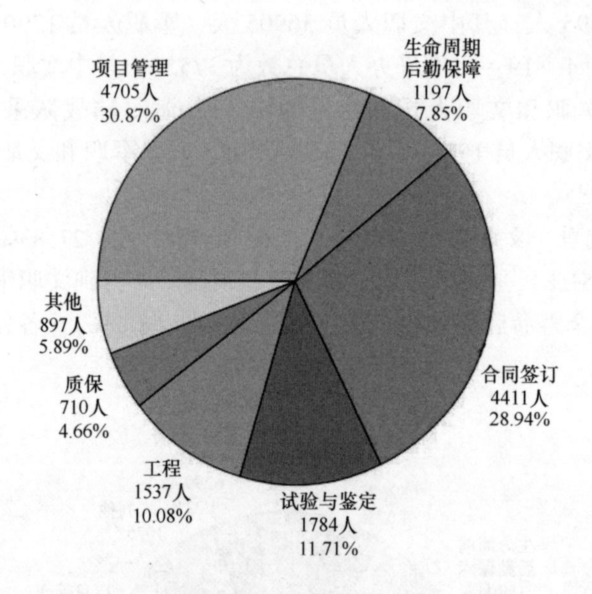

图 1.3　美军采办职业领域军职人员分布情况

1.3.3　试验鉴定

试验鉴定（Test and Evaluation，T&E），作为美军国防采办15个专业领域之一，是美军装备采办系统工程过程的重要组成部分。美军装备试验鉴定是针对系统及其组成部分获取基于风险（风险降低）的信息和经验数据，以确认其达到要求和预定用途的过程；是对系统设计实现性、性能指标适当性、要求满足性和系统成熟性进行评估，以判定系统在作战使用中是否有效和适用的过程。

关于试验与鉴定，二者之间的相互关系是：“试验（Test）”是指为开展鉴定和评估获取数据的过程；“鉴定（Evaluation）”是诠释和分析试验数据，帮助决策者确定系统性能结果的过程。试验的目的是为了鉴定，试验的输入是鉴定需求；鉴定则需要试验提供充分的数据反馈。

美国国防采办大学对试验的定义进行了细化，即试验是任何旨在获得、验证或提供用于鉴定以下内容的数据的计划或程序：

（1）实现研制目标的进展情况；

（2）系统、子系统、部件及装备项的性能、作战能力和作战适用性；

（3）系统、子系统、部件及装备项的易损性和杀伤力。

美军将试验鉴定分为研制试验鉴定和作战试验鉴定两类。研制试验鉴定是指任何武器系统、装备、弹药（或者关键部件）在实验室和标准安装环境下，承包商可参与或不参与，开展的一种设计试验，来确保系统或装备满足技术设计要求。作战试验鉴定则是指任何武器系统、装备、弹药（或者关键部件）在真实的作战条件下，由典型军队使用人员开展的现场试验，目的是确定作战效能和适应性。作战试验评估结果用来解决关键作战问题（表1.1）。

表1.1 美军研制试验鉴定与作战试验鉴定比较

比较项目	研制试验鉴定	作战试验鉴定
责任机构	项目计划主任	专门作战试验机构
试验对象	模型、单件样机	小批量试产的装备（系统/体系）
试验环境	标准/典型环境	逼真战场环境
实施主体	军方指导 承包商为主	军方试验单位主导 承包商有限介入
参试人员	经过培训、有经验的操作人员	使用部队
试验目的	测量装备性能数据、验证关键性能目标	测量装备作战效能和适应性的数据、验证作战能力

按照采办进程，美军把装备作战试验分为早期作战评估（EOA）和作战评估（OA）、初始作战试验鉴定（IOT）、后续作战试验鉴定（FOT）、多军种作战试验鉴定（MOT）和军兵种特殊的作战试验鉴定。

其中，早期作战评估和作战评估包括在概念和技术开发阶段或在系统研制或演示验证初期利用典型用户部队实施的作战试验，目的是演示武器装备概念、支持后勤和训练计划、发现互操作能力问题、确定未来作战试验需求，包括作战试验内容、任务和项目的规划设计。

初始作战试验鉴定是典型用户在真实环境下（如作战和典型威胁）使用武器装备实施的试验，目的是确定武器装备的作战效能、适用性。根据美国法令，重大国防采办计划在完成低速初始生产阶段以前需要进行初始作战试验鉴定，计划由国防部作战试验鉴定局局长批准。

后续作战试验鉴定是在生产过程中和生产后进行的一种作战试验，目的是优化初始作战试验期间所做的评估，为改进鉴定方法提供数据，并检验武器装备在训练和作战过程中所暴露的缺陷是否已经得到改进，另外，后续作战试验提供数据确保装备持续满足作战要求，并在新环境中保持其有效性，对抗新的威胁。

多军种作战试验鉴定是两个或两个以上的军种联合进行的作战试验，通常是在多个军种采办同一种装备或一个军种采办的装备与其他军种的装备关系密切时需要进行的一种作战试验。

军兵种特殊的作战试验鉴定是由军兵种作战试验鉴定主管部门根据军兵种装备采办的特殊需求进行的作战试验，如合格作战试验鉴定（QOT）是美国空军采用的、评估针对现有装备小改进的效果的一种作战试验。

1.4 研究内容框架

本书按照“总-分-总”思路，首先从总体上介绍美军装备试验鉴定人才培训体系基本情况，而后分别从国防部、军兵种、地方单位三个层面详细分析培训目标、课程设置、主要内容等情况，以及开展培训依托的资源条件情况，最后进行分析和总结，梳理其主要做法特点，结合我国特点给出了启示建议。主要内容框架如下。

（1）美军装备试验鉴定人才培训体系概况。简要分析美军装备试验鉴定人才培训的发展历程，从试验鉴定人员岗位及分布、来源渠道、职业路径等方面分析美军装备试验鉴定培训对象情况，而后介绍了美军装备试验鉴定培训管理体系、法规体系，以及培训实施体系。

（2）美军国防部层面试验鉴定人才培训。对国防部所属单位开展试验鉴定人才培训情况进行介绍，主要包括国防采办大学、作战试验鉴定局、国防信息系统局。重点分析国防采办大学试验鉴定入门、中级、专家、关键领导岗位培训情况。

（3）美军军兵种层面试验鉴定人才培训。分别对美军陆军、海军、空军以及太空军试验鉴定人才培训情况进行介绍，分析各军兵种依托其试验鉴定管理部门、直属院校、试验基地开设的试验鉴定培训课程情况。

（4）地方单位鉴定人才培训。分别对美军依托地方高校、试验鉴定专业协会、工业界等地方单位开展试验鉴定人才培训情况进行介绍，包括课程设置、主要内容、培训对象等情况。

（5）美军装备试验鉴定人才培训资源。主要从师资队伍、教材、重点靶场、网络资源等方面，介绍美军开展试验鉴定人才培养所依托的资源条件情况。

（6）美军装备试验鉴定人才培训特点与启示。梳理总结美军装备试验鉴定人才培养的基本情况，分析其主要经验特点。结合我国现状，给出加强装备试验鉴定培训体系建设的启示与建议。

本书主要研究内容框架如图 1.4 所示。

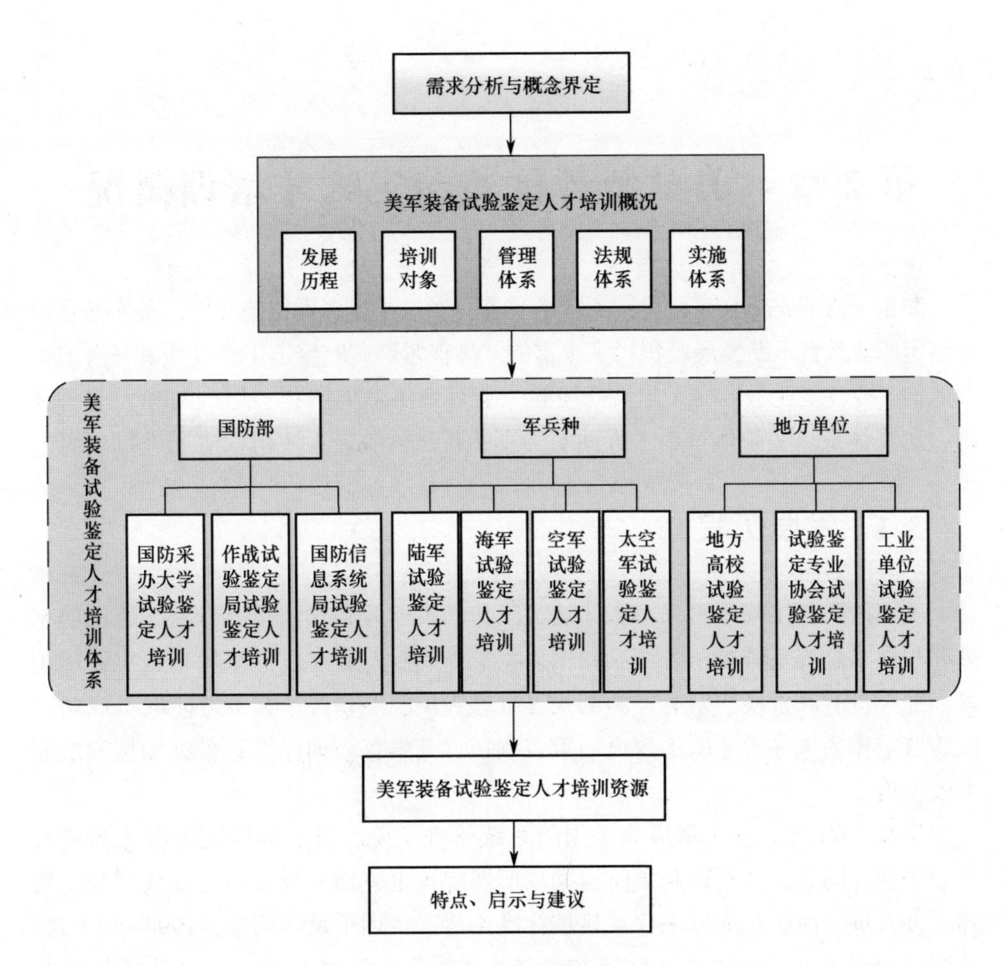
需求分析与概念界定
美军装备试验鉴定人才培训概况
发展历程
培训对象
管理体系
法规体系
实施体系
美军装备试验鉴定人才培训体系
国防部
军兵种
地方单位
国防采办大学试验鉴定人才培训
作战试验鉴定局试验鉴定人才培训
国防信息系统局试验鉴定人才培训
陆军试验鉴定人才培训
海军试验鉴定人才培训
空军试验鉴定人才培训
太空军试验鉴定人才培训
地方高校试验鉴定人才培训
试验鉴定专业协会试验鉴定人才培训
工业单位试验鉴定人才培训
美军装备试验鉴定人才培训资源
特点、启示与建议

图1.4　研究内容框架

第2章　美军装备试验鉴定人才培训概况

美军一直非常重视试验鉴定人才的培养。经过半个多世纪的发展，美军装备试验鉴定职业教育不断发展，积累了丰富的、确保紧贴试验鉴定工作性质和任务具体职能的、专注专业领域的人才培养经验。本章将从发展历程、培训对象、管理体系、法规体系、实施体系5个方面对美军装备试验鉴定人才培训概况进行介绍。

2.1　发展历程

美国国防部历来重视采办人才培训工作。美国著名国防采办专家、原国防部采办与技术副部长雅克·甘斯勒指出："提高采办人员素质，显然是最重要的因素。如果没有高素质、富有经验的采办管理人员，一切改革都不可能取得成功。"试验鉴定作为采办人才队伍建设的重点领域，其教育培训伴随着采办领域发展而不断发展。

早在1971年，美国就成立了国防系统管理学院，重点对国防采办人员进行专职培训。同时，各军种和国防后勤局所属院校也分别开设采办专业或课程，培养采办人员。由于长期以来存在培训标准不清、培训不足等问题，1990年11月，美国国会就通过《国防采办队伍加强法》，要求国防部对国防采办队伍提出教育、经历与培训的要求，并建立国防部国防采办人员的教育、培训与职业发展标准，设立国防采办大学。1992年10月，美国国防部在三军及国防部原有16所直属院校和培训中心基础上成立国防采办大学，专门培训高级采办人员。自此，美国主要依托国防采办大学，面向10余万国防采办人员开展各类培训。

此后，为提升采办人员培训水平，美国先后颁布了《国防采办教育、培训与职业发展计划》《采办职业发展计划手册》《国防采办队伍改进法》《采办职业管理计划》等一系列指令和指示，进一步明确了国防采办人员教育培训和职业发展的组织管理、职责分工、培训方式、课程设置及具体操作程序等内容，构建了教育培训标准。

2003年，颁布的美国国防部指令 DoDD 5000 文件中明确要求：美国国防部应拥有一支高效精干的采办、技术与后勤队伍，这支队伍应具有管理、技术和工商方面的高水平技能。为提高人员整体素质和专业技能，美军还制定了有关装备试验鉴定人员招募、训练、教育、提升、使用的具体措施，并制定了相应的试验鉴定人才管理战略规划。例如，在《采办队伍人才管理计划》中，就制定了试验鉴定人才管理的具体方法，并将其纳入未来的国防部人员管理系统中。

2015 年，美军参谋长联席会议修订新版《士兵职业教育政策》，为美军建立“2020 年联合部队”提供人才支持，并以此推进军事职业教育发展。新版政策是以共同学习领域、共同学习目标和士兵领导者品质为核心，目的是为培养合格的士兵领导者提供教育框架。这也说明了美军一方面从专业角度开展相关院校教育，另一方面从时间纬度关注专业人才的长远发展。

2015 年 5 月—6 月，美军参谋长联席会议主席签发了《军官职业军事教育政策》和《士兵职业军事教育政策》等新修订的政策文件，其中《军官职业军事教育政策》已修订了 5 次、《士兵职业军事教育政策》修订了 2 次。美军根据官兵成长路径的不同需要，从官兵职责分工、岗位划分、专业差异等多角度着眼，出台更适应人员类别属性的职业教育政策，逐步构建合理的军事职业教育结构布局。同时，这些政策既能紧随当前国家军事战略形势，又能前瞻未来作战形式，并不断地调整更新，无论培养的是军官还是士兵，都能立即适应美军时下的作战行动，保证军事职业教育与战场同步。

2.2　培训对象

美军装备试验鉴定培训对象主要是从事试验鉴定领域的工作人员。美军高度重视试验鉴定人员队伍建设，定期对试验鉴定队伍的规模、构成以及队伍能力进行调查、分析、研究和预测，对试验鉴定工作人员队伍的内涵、基本情况、存在的问题、解决方法和队伍能力的评价等问题进行论述，从而为队伍的发展、教学和培训做出针对性的规划。

2.2.1　试验鉴定人员及分布情况

美军装备试验鉴定工作人员主要分布在采办部门试验鉴定领域、作战试验机构和重点靶场。截止 2017 财年，美军试验试验鉴定工作人员共约有 28000 余人，其中采办部门试验鉴定领域工作人员约为 8743 人（含军职人员 1784 人、文职人员 6959 人），作战试验机构试验鉴定工作人员约为 2713 人（含军职人员 879 人、文职人员 1834 人），重点靶场试验鉴定人员约为 16933 人（含军职人员 3134 人、文职人员 13799 人）。此外，其他机构也有不少试验鉴定工作人员，如国防部信息系统局负责信息系统、承包商试验鉴定人员等。美军装备试验鉴定工作人员主要分布情况如图 2.1 所示。

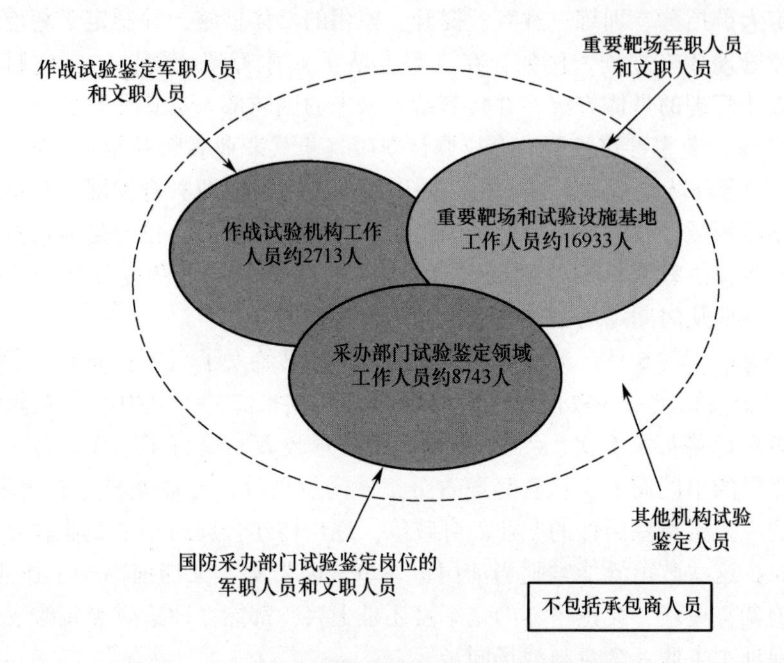

图 2.1 美军装备试验鉴定工作人员分布情况

2.2.1.1 采办部门试验鉴定领域工作人员

美军高度重视采办队伍建设，拥有全球规模最庞大的装备采办队伍。为了满足国防部（DoD）的需要，用于或支持军事任务，美军采办队伍人员主要负责或参与武器和其他系统、补给或服务（包括建造）的概念化、启动、设计、研制、试验、鉴定、承包、生产、部署、后勤支持、改进和退役等。试验鉴定工作人员提供用来支持风险分析和管理的信息，并持续向施工过程中的决策者提供反馈。

试验鉴定对于采办工作来说至关重要。国防部负责研制试验鉴定的副助理部长（DASD（DT&E））是采办部门试验鉴定领域工作人员（T&E AWF）的职能领导。T&E AWF 共有分布在世界各地工作的 8700 多名军职和文职人员。T&E AWF 人员的典型职责包括以下几方面：

（1）担任主要国防采办项目或主要自动化信息系统项目的首席研制试验员。

（2）担任试验鉴定工作层一体化产品小组主席，或装备研制人员代表、试验员和/或系统鉴定团队成员。

（3）分析有关要求/能力文件，确定作战相关性、可实现性、可试验性和可测量性。

（4）计划、组织、管理或开展试验和/或鉴定，对象包括概念、新兴技术、实验以及新式已部署的或已改进的指挥、控制、通信、计算机、情报、监视、侦察系统（包括参与系统内系统和网络中心服务的信息技术（IT）系统）和武器；或贯穿所有采办阶段的自动化信息系统装备，承担研制试验，支持作战试验和在役考核。

（5）确定范围、基础设施、资源和数据样本大小，确保系统要求得到充分体现。

（6）分析、评估和鉴定试验数据/结果。

（7）编制系统性能和试验鉴定结果报告。

（8）开发试验鉴定流程。

（9）修改、调整、定制或扩展标准化试验鉴定指南、先例、标准、方法和技术，包括科学试验和分析技术、建模和仿真、网络安全试验鉴定、互操作性和认证。

（10）设计和使用现有或新式试验装备、程序和方法。

（11）编写、编辑试验鉴定主计划（TEMP），以及系统级和/或单元及装备的试验计划。

（12）进行研制试验鉴定，支持作战试验，鉴定和/或分析试验结果和/或试验数据，准备和展示鉴定/评估结果。

（13）对试验数据、设备、材料或系统缺陷进行分类，并保障作战试验鉴定准备就绪。

T&E AWF 人员可担任多种不同职务，包括但不限于首席研制试验官、试验鉴定工作层一体化产品小组主席、试验鉴定项目助理执行官、试验鉴定项目助理经理、试验主任工程师、实验主任工程师、试验总工程师、首席试飞员、试验总监/经理、试验工程师、采办试验鉴定部门主管、飞行试验工程主任、试验与实验设计部门主管、试验部门主管、能力试验团队主席、投资组合经理、首席试验官、试验官、试验鉴定分析师、仿真主任工程师。

2.2.1.2　作战试验机构人员

作战试验机构人员主要由作战试验机构从事作战试验鉴定工作（包括实弹射击试验鉴定）的军职和文职人员组成，有 2700 余人。作战试验机构是美军对军种和业务局一级负责计划、指挥、协调和管理作战试验鉴定的机构的统称，主要包括如下单位：

（1）空军作战试验鉴定中心（AFOTEC）；

（2）陆军试验鉴定司令部（作战试验单位）（ATEC）；

（3）海军作战试验鉴定部队（COTF）；

（4）海军陆战队作战试验鉴定机构（MCOTEA）；

（5）联合互操作能力试验司令部（JITC）；

（6）特种作战司令部（SOCOM）J8 办公室。

由于开展工作的范围广，陆军试验鉴定司令部是最大的（作战试验）部门，其人员规模最大。除管理和实施作战试验鉴定外，陆军试验鉴定司令部还管理和实施研制试验鉴定，拥有试验靶场，并包含一个作为独立鉴定者的独立机构。海军陆战队作战试验鉴定机构人员规模最小，管理的项目也最少，因为海军陆战队大部分大型舰船、武器和飞机项目的作战试验是由陆军和海军承担。

2.2.1.3 重点靶场人员

重点靶场人员由在重点靶场就职的军职和文职人员组成，是美军装备试验鉴定队伍中规模最大的，约有 17000 人。目前，美军共有 24 个综合能力位于世界领先水平的重点靶场，分别由其陆、海、空三军和国防信息系统局负责维护与操作。这些重点靶场的建设规模、使用和维护主要是为了保障国防部的试验鉴定任务，可供各军种和美国政府有关部门使用，也可根据需要供盟国政府或承包商组织使用。

2.2.2 试验鉴定人员来源渠道

美军装备试验鉴定队伍主要来源于两大渠道：一是社会招聘；二是从其他部门调动。

（1）社会招聘。对于社会招聘，美军主要面向大学应届毕业生进行招聘，采取实习生政策，吸收大学生到有关采办管理部门实习并进行择优录用。这是美军采办队伍生长型干部的主要来源。

对于合同制采办人员，则主要由相关采办管理部门根据自身工作需要，在全社会范围进行招聘。美军采办合同制人员有十分明确的岗位要求，首先国防部合同文职人员要求应聘者为美国公民；其次应聘者需要通过保密审查，不允许录用有犯罪记录或信用不良的人员。

此外，美国市场机制完善，拥有大量的专业性猎头公司或中介机构等，负责挖掘和推送各领域的人才。军方相关采办管理部门对相关人员进行考试与筛选，最后通过签订合同的方式聘用。

（2）其他部门调动。对于部门调动，美军采办队伍绝大多数为文职人员，属于联邦政府雇员，国防部可根据需要从联邦政府其他部门吸收有关的专业化人员加入采办部门。此外，国防部还鼓励采办人员在不同的采办管理部门间流动，以获得更加丰富的管理经验，提升采办管理的专业化水平。

未来，作战试验鉴定机构需要大量足够的经验丰富的网络安全专业人员，以适应日益增加的数量和复杂性的测试活动。为了获得顶尖的网络人才，国防部将通过一些服务学院、私人公司、大学和国家实验室的种子基金培养国防部网络安全测试人员队伍和能力。2021年1月13日，美国防部作战试验鉴定局发布的《作战试验鉴定局2020财年报告》中提出，美国防部在信息技术、软件和网络安全领域急需专业人才，报告建议成立一个类似为超高声速武器建立的大学联盟附属研究中心，从而能够在软件、信息技术和网络安全等技术领域取得突破，打造自己的人才库。

2.2.3　试验鉴定人员职业路径

美国国防部实施基于能力的资格认证计划，依据试验鉴定人员职业特点，根据不同的资格标准将试验鉴定岗位划分为初、中、高3个等级，分别对应于Ⅰ级、Ⅱ级、Ⅲ级3个等级。Ⅰ级为“初级”，也称“入门级”，主要是从事试验鉴定工作的新入职人员，如试验鉴定实习生、正在培训中的试验鉴定工程师、正在培训中的试验官等；Ⅱ级为“中级”或“熟练级”，是具有一定工作经验，并完成相应的在职培训，满足资格认证标准的人员，如试验工程师/分析师、试验团队人员、试验官等；Ⅲ级为“高级”或“专家级”，是长期从事试验鉴定工作的较高层次的人员，如首席试验工程师、一体化试验团队负责人、试验主任等。依据岗位情况，试验鉴定人员构成整体呈“橄榄形”分布结构，Ⅱ级工作人员人数最多，约占整个试验鉴定人员队伍的70%。

各等级岗位均设有相应的资格认证条件，包括教育、经验和培训等内容，低级岗位人员必须同时满足学位教育、采办工作经验、专业培训等方面的资格认证条件，才能晋升到高一级岗位。试验鉴定只有人员通过不断获得更高的资格认证，实现专业技能的持续提升，才能从基础工作人员逐步成长为关键试验鉴定岗位（Key Leadership Position，KLP）人员。美军装备试验鉴定人员职业路径如图2.2所示。

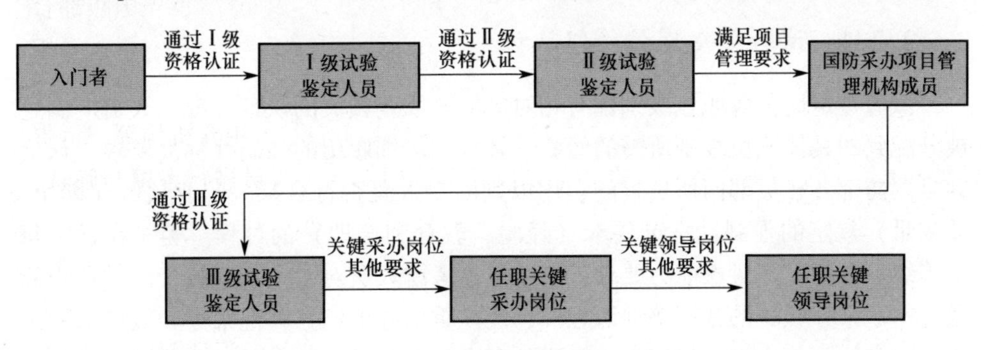

图2.2　美军装备试验鉴定人员职业路径

针对美军装备试验鉴定职业领域的技能需求及特点，美军构建了试验鉴定人员职业路径成长模型，具体如图2.3所示。该模型总结了试验鉴定人员从入职到关键领导岗位，相关教育、认证和技术知识要求。

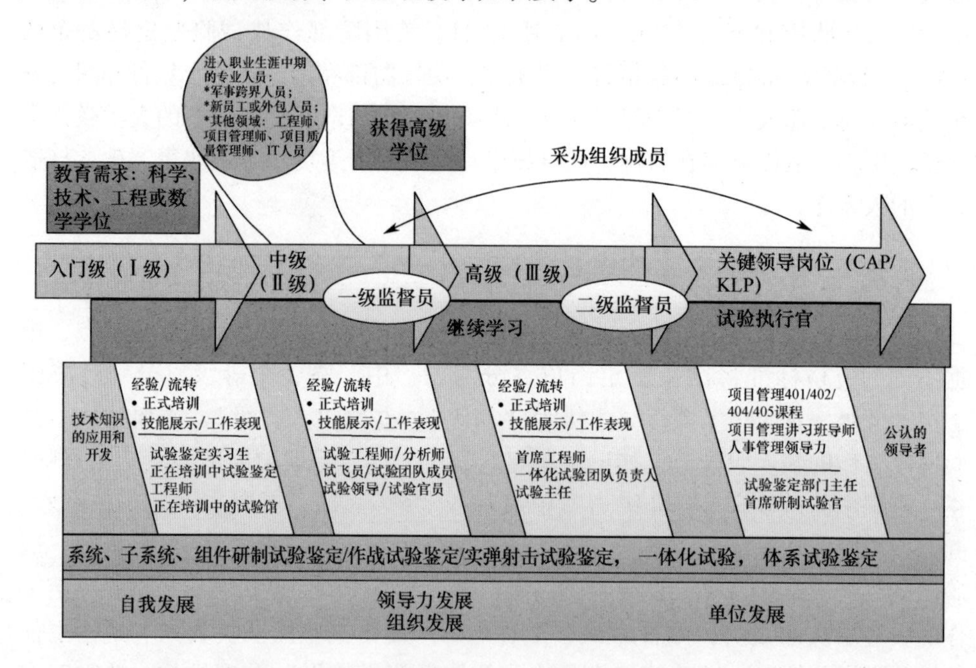

图 2.3　美军装备试验鉴定人员职业路径成长模型

美军原则要求就任某等级试验鉴定人员必须获得相应认证等级，并接受拟就任岗位要求的特殊培训，但也可以在未获得相应任职资格等级的情况下就任。对于未获得任职资格便就任的人员，需在就任时列出个人发展计划，确保在未来24 个月或部门采办执行官规定的时间内满足相应任职资格要求。如在这个时间后还未达到标准，就必须通过相关程序获取一个特权证书，否则必须离职。

2.2.4　试验鉴定岗位等级认证

试验鉴定岗位各职业级别都有相对应的该职业领域的认证标准。人员应满足被分配到的具体职位级别所需的经验、教育和培训履历的强制性标准要求。认证则是国防部各相关部门所负责的、用以判断个人是否符合某一职业领域（即Ⅰ、Ⅱ或Ⅲ）规定的强制性标准要求（经验、教育和培训）的过程。美军在设定每个等级标准时，除考虑能力要求外，还重点考虑人员对专业基本技能的掌握；除通过本职采办领域的教育培训课程外，还注重引导他们在其他采办领域获取一定的知识和能力，为将来担当更为重要的职责打下基础。

国防部试验鉴定岗位认证标准有以下执行细则。

(1) 国防部“国防部研究与工程副部长”可以颁布新的认证标准。对于已经获得某一特定级别职位认证的个人，新认证标准不会对其造成影响；对于尚未获得该特定级别职位认证的个人，则必须以全新标准进行认证。

(2) 通常个人必须通过Ⅱ级和Ⅲ级标准认证，才能被分配到相应级别的职位。如果个人暂时无法达到Ⅰ、Ⅱ或Ⅲ级标准认证，则仍有 18 个月的学习时间以满足认证标准，或由个人所属机构直接给予认证豁免。

(3) 当个人被直接分配到Ⅱ或Ⅲ级职位的试验鉴定队伍时，没有必要为较低级别职位标准进行认证。例如，没有国防部采办经验并被分配到Ⅲ级采办职位的个人，不需要进行Ⅰ级或Ⅱ级的强制性标准认证。

(4) 个别人员还可选择以下方法中的一种，以跳过必修课程与履行要求，并完成职位认证。

① 可以完成经认证的同等课程，经认证的同等课程可在国防部“负责研究与工程的副部长办公室”国防采办大学目录中查询。

② 可以通过国防采办大学等效考试。

③ 具备适当的替代经验、教育和/或培训背景的人员可通过使用必修课程实施计划及能力标准（ADS-95-03-GD）规定的相应程序满足标准认证。

④ 完成由文职高等教育机构提供的，经由国防部“负责研究与工程的副部长办公室”批准或指定的，与国防部必修培训课程等效的学术课程。

⑤ 完成由民办高等教育机构提供的经认可的学位或证书课程，这些课程由国防部“负责采办和技术的副部长办公室”批准或指定，与政府学校提供的必修课程等效。

关于试验鉴定领域入门级、中级、高级（Ⅰ、Ⅱ、Ⅲ级）认证标准详细见第 3 章。

2.3　管理体系

多年以来，美军武器装备试验鉴定形成了两级三层组织管理体系，国防部 5000.89 指示在此基础上，明确了各相关机构职能，细化了试验鉴定一般流程，针对不同采办程序特点提出了个性化管理要求，强调采用一体化协同工作模式、科学试验设计方法等提高试验效率。

美军武器装备试验鉴定采取国防部统一领导、各军种分头实施、项目管理办公室具体落实的两级三层组织管理体系，研制试验、作战试验与采办管理三方相互制衡、相互协同，具体如图 2.4 所示。

各部门在负责试验鉴定业务工作的同时，也负责对所属人员进行队伍建设、教育与培训工作。为此，与美军武器装备试验鉴定组织管理体系类似，美军装备试验鉴定人才培训也是采取国防部统一管理与三军分散实施相结合的管理体系，具体如图 2.5 所示。

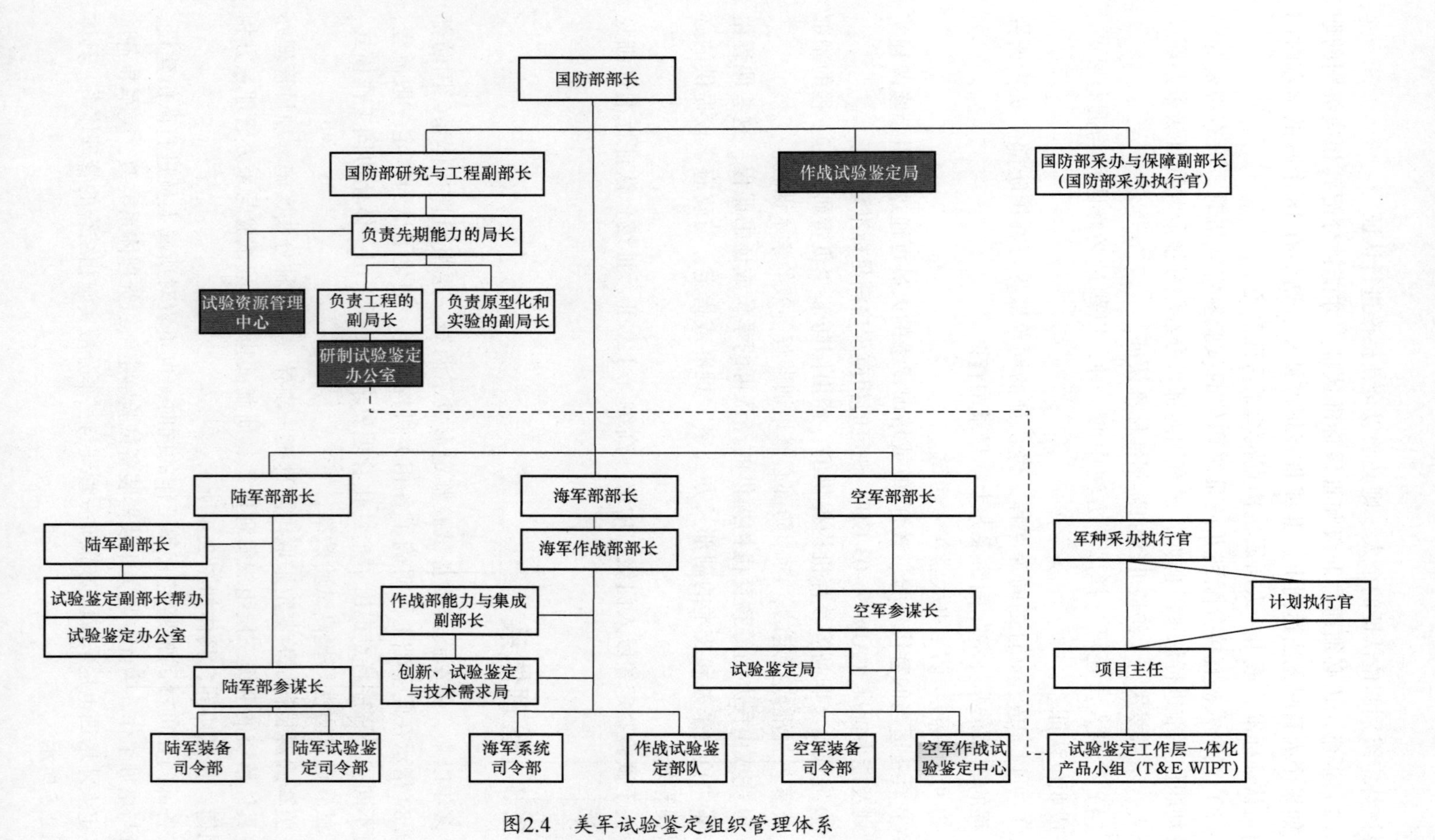

图2.4 美军试验鉴定组织管理体系

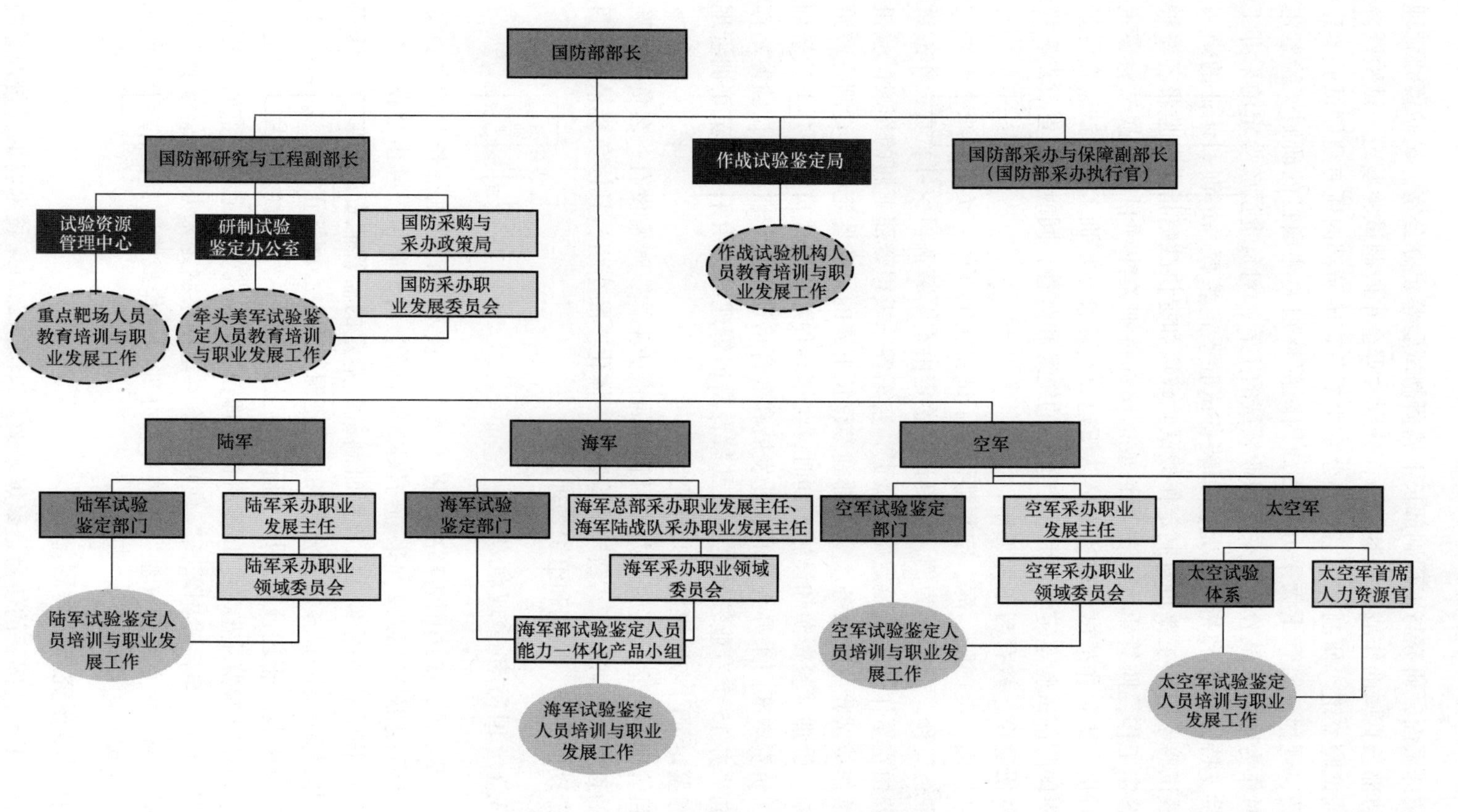

图2.5　美军试验鉴定人才培训管理体系

国防部层面，研究与工程副部长下属研制试验鉴定办公室、试验资源管理中心和国防部长直属的作战试验鉴定局，分别管理全军研制试验鉴定、试验资源建设和作战试验鉴定。研制试验鉴定办公室主要负责国防部内所有研制试验鉴定政策、惯例、规程，监管重大采办项目或国防部特别关注项目的研制试验鉴定活动，同时作为国防部试验鉴定采办职业领域的主管，对负责试验鉴定的采办工作队伍提供支持、监督和指导，是美军装备试验鉴定教育、培训和认证的牵头单位。作战试验鉴定局主要负责制定作战试验政策和提供战略指导，监督各军种作战试验鉴定工作，监管重大采办项目或国防部特别关注项目的作战试验鉴定活动，同时也牵头负作战试验机构人员队伍建设、教育与培训工作；试验资源管理中心负责国防部试验鉴定资源和重点靶场的统筹和监管，同时也负责重点靶场的人员的队伍建设、教育与培训工作。

军种层面，美国陆、海、空军都设立了试验鉴定部门，负责组织本军种的试验鉴定业务工作。以空军为例，研制试验鉴定由空军装备司令部负责，作战试验鉴定主要由空军作战试验鉴定中心负责，空军各一级司令部下属的作战试验机构承担后续作战试验鉴定任务。空军部副参谋长下属的试验鉴定处负责制定政策和工作指南，管理试验资源和设施。同时，各军兵种都设置人员了采办人员培训管理机构，负责本部门采办人员的职业发展和教育培训工作。其中，试验鉴定作为美军国防采办 15 个专业领域之一，其教育培训管理通常由采办人员培训管理机构与试验鉴定部门沟通协调、共同完成。

项目管理办公室是实施采办项目管理的责任主体，通常设有一名负责试验鉴定工作的首席研制试验官，领导试验鉴定一体化产品小组，具体负责采办项目试验鉴定活动的规划、协调和组织管理。

2.3.1 国防部管理机构

2018 年 2 月，美国国防部决定将“采办、技术与后勤副部长”职位拆分为“研究与工程副部长”以及“采办与保障副部长”两个职位，并由“研究与工程副部长”接替原采办副部长以负责研制试验鉴定的监管职责。2019 年，转隶后的美国国防部研制试验鉴定办公室和试验资源管理中心网站正式上线，美军基本完成了的试验鉴定管理改革，即“研究与工程副部长”负责全军样机制造与概念验证、研制试验鉴定监管、试验资源管理；“作战试验鉴定局”监管全军作战试验鉴定；“采办与保障副部长”使用试验鉴定结果制定采办决策。至此，不仅作战试验实现了独立管理（独立于装备采办部门和作战指挥部门），美军研制试验监管也实现了相对独立。

1. 国防部研究与工程副部长

研究与工程副部长的使命是聚焦未来，以国防部首席技术官的身份推进技术和创新。负责研究与工程的副国防部长主要履行以下职责：一是担任国防部首席技术官，负责推动技术的创新发展与进步；二是负责制定国防研究与工程、技术开发、技术转移、样机、实验、研制试验鉴定等方面的政策并监督落实，统筹分配国防研究与工程领域的资金，并整合国防部范围的研究与工程资源使其发挥最大效益。

研究与工程副部长还负责美军采办人员培训的综合管理和协调，包括国防采办教育、培训与职业发展的方针、方向；批准采办岗位的教育、培训与经历标准要求，这些标准分为“强制的”或“期望的”，并评价其实施效果。

2. 研制试验鉴定办公室

负责研制试验鉴定的副助理部长办公室是国防部长办公室的主要顾问，负责国防采办项目中与发展试验鉴定有关的事项。2009 年，《武器系统采办改革法案》通过修订《美国法典》第 10 章（现正式称为美国法典第 10 章第 139 条），授予了发展试验鉴定的副助理部长办公室评估主要国防采办计划的系统性能的权利，具体职责包括计划监督、政策和指导、试验鉴定总体规划批准、提交国会的年度报告，以及作为国防部采办试验鉴定职业职能负责人，为负责试验鉴定的采办人员提供宣传、监督和指导。

3. 作战试验鉴定局

作战试验鉴定局局长负责监督作战试验机构的运行状况，包括作战试验机构队伍能力能否满足作战试验鉴定的规划与执行，同时也负责作战试验机构人员培训的综合管理与协调。同时，为提升所属人员专业水平，作战试验鉴定局也开办了一系列试验鉴定培训课程。

4. 试验资源管理中心

试验资源管理中心首席帮办负责掌握和监督包含重点靶场队伍在内的重点靶场资源总体情况。

5. 国防采购与采办政策局与国防采办职业发展委员会

国防部研究与工程副部长领导的国防采购与采办政策局，负责管理采办人员教育培训与职业发展工作，制定政策、计划，统一协调管理有关部门的培训工作。

国防采购与采办政策局下设国防采办职业发展委员会，负责就国防采办人员的教育、培训和职业发展工作的政策、培训和职业发展工作的政策、计划和后勤保障事宜向副部长提供咨询，帮助制定采办人员教育、培训和职业发展的方针政策、审批采办人员培训的经费预算，审查军种采办职业发展计划委员会提出的建议，并统一监督国防部采办人员教育培训和职业发展的方针政策和具体工作的实施情况。

2.3.2 军兵种管理机构

各军种都设置了采办职业发展管理主任和采办职业发展委员会，负责采办人员培训工作，包括试验鉴定领域人员培训。其中，军兵种采办职业发展委员会的试验鉴定工作通常由负责研究与试验鉴定的军兵种助理部长领导。以海军为例，海军部试验鉴定副执行官、负责研制与试验鉴定的海军部助理部长（Deputy Assistant Secretary of the Navy，DASN），领导全国海军采办职业发展委员会（Acquisition Career Field Council，ACC）的试验鉴定工作，其任务是促进职业领域健康和可持续性发展。

1. 采办职业发展管理主任

各军种都在军种采办执行官办公室设立采办职业发展管理主任一职，负责执行国防部统管机构有关采办人员教育培训和职业发展的方针政策，制定本部门的采办人员培训计划并具体组织实施。海军总部和海军陆战队分别设有独立的采办职业发展管理主任。

2. 采办职业发展委员会

各军种也设立了采办职业发展委员会，作为本军种采办人员培训教育与职业发展的协调管理咨询机构，负责执行国防采办职业发展委员会的政策，就采办人员的招收、训练和职业发展以及为采办机构挑选采办人员事宜向军种采办执行官提供咨询。采办职业发展委员会包括采办职业发展管理主任（或由他指定的代表）、负责人力的军种部长助理（或由他指定的代表）、各采办职业发展机构中负责人员发展工作的高级官员等。

军种采办职业发展计划委员会由各军种采办执行官（或由他指定的代表）主持，军种部长可设立军种采办职业发展委员会的分组委员会，以执行具体工作。军事部门可以为预备役部队和国民警卫队建立单独的职业发展计划，确定、建立和发布具体的和继续教育课程，以履行特定的职责或特定的工作分配。为了提供持续的专业发展和继续教育，应当与采办职业发展管理主任和国防部职能委员会协调设立课程，以保持采办职业领域的流通。

3. 试验鉴定管理部门

采办职业发展委员会试验鉴定领域工作离不开试验鉴定管理部门的参与和指导。各军兵种试验鉴定管理部门与采办职业发展委员会共同完成试验鉴定人员队伍建设、教育培训等工作。

此外，海军还成立了海军部试验鉴定人员能力一体化产品小组（Workforce Competency（WC）Integrated Product Team（IPT）），由海军部助理部长组建，旨在解决试验鉴定人员队伍改进的重点领域问题。目前，主要解决以下4个领域问题。

（1）预测和合理精减人员。

（2）招聘、留任和职业发展。

（3）发展和培训。

（4）关键人才管理和职业道路。

海军部试验鉴定人员能力一体化产品小组由以下人员构成如下：海军部试验鉴定办公室主席、海军副助理部长（DASN）（研制和试验鉴定）；来自海军作战部长办公室（OPNAV）的试验鉴定代表、4个主要海军系统司令部（SYSCOM）代表（即海军海上系统司令部（NAVSEA）、海军航空系统司令部（NAVAIR）、航天与海战系统司令部（SPAWAR）和海军陆战队系统司令部（MCSC））；海军部内部的两个作战试验部门代表（OTA）（即海军作战试验鉴定部队司令部（COMOPTEVFOR）和海军陆战队作战试验鉴定处（MCOTEA））。

海军部试验鉴定人员能力一体化产品小组就员工队伍问题，在各海军系统司令部、各作战试验部门、海军作战部长办公室和海军副助理部长（研制和试验鉴定）之间组织季度性论坛和提供定期沟通渠道。海军部试验鉴定人员能力一体化产品小组制定了一套有目标和针对重点范畴的战略性计划，旨在提高支持采办项目的海军和海军陆战队试验鉴定员工队伍的质量和工作效率。其中一些现有的海军部试验鉴定员工队伍能力一体化产品小组倡议包括以下几点。

（1）改进跟踪预测、调整规模、招聘、留任和职业发展。

（2）改善劳动力发展机会和培训。

（3）提供海军部试验鉴定年度自我评估报告支持。

（4）对国防部试验鉴定人员能力一体化产品小组和海军部采办职业发展委员会的倡议提供现场活动反馈。

（5）支持国防部办公厅（Office of the Secretary of Defense，OSD）试验鉴定关键领导岗位（Key Leadership Position，KLP）资格认定委员会（Q-Boards）的发展。

2.4　法规体系

完备的法规政策为开展和实施试验鉴定人才培训提供制度保障。目前，美军已经建立了较为完备的“法律—法规—规章”三级法规体系，包括国会的立法、国防部的指令和条例、各军种的条例和手册等，对规范其试验鉴定人才队伍建设和管理发挥了重要的指导作用。除国防部外，各军种也都分别实施了知识管理战略规划，出台了相关的知识管理政策和备忘录。

2.4.1 国会立法

美军高度重视试验鉴定队伍建设，将其作为重要的战略资源，通过国会立法加强标准建设，推动试验鉴定队伍的建设与管理。美国国会有关试验鉴定队伍的立法主要有《国防采办队伍加强法》《国防采办队伍改进法》《国防授权法》等。

1.《国防采办队伍加强法》

为了从根本上改善国防采办人员的素质，1990年11月，美国国会通过《国防采办队伍加强法》（Defense Acquisition Workforce Improvement Act，DAWIA），要求国防部建立一支经过专门教育培训的采办队伍，将采办队伍建设纳入法制化轨道，明确了采办队伍专业领域的划分标准，并制定了采办队伍教育与训练的课程和要求，以及三级的职业认证制度。《国防采办队伍改进法》规定，对每一个试验岗位，要根据其职位要求的复杂程度，确定其教育、培训及阅历要求，只有培训合格人员才能担任或晋升高一级职务。为确保人员不断保持或提高其技能与知识，国防部规定每2年要接受80小时的在职培训。此外，还规定高级采办的培训课程相当于现有军事院校的高级课程。

2.《国防采办队伍改进法》

该法规要求负责采办事务的国防部副部长办公室内设立购置教育、培训和职业发展主任，主任负责：制定、实施和监督在国防部任职的招聘人员的培训、教育和职业发展政策和方案；向副部长报告此类政策和方案执行的有效性。在每个部门的采办执行官办公室内设立一名采办职业管理总监，以监测采办劳动力的合规情况并协调管理，并担任采办职业项目职能的联络员。指示每个军事部门的秘书设立一个采办职业方案委员会，为采办执行官提供咨询意见，以管理采办队伍中军事和文职人员的加入、培训、教育和职业发展，并选择个人任命进入采办团。

3.《国防授权法》

国会每年颁布《国防授权法》，该法律通常涉及采办队伍建设与管理问题，如《2008财年国防授权法》855条款“加强联邦采办队伍建设”，要求相关行政管理部门建立和维护采办队伍招募、培训与发展计划，并加强采办队伍发展战略规划；《2009财年国防授权法》834条款“军职人员在采办领域的职业道路与其他要求”，要求国防部确保适量军职人员参与国防采办管理工作。

2.4.2 国防部法规

美国国防部为加强采办人员（包括试验鉴定人员）培训，也制定了相关法规，指导整个国防部系统采办人员培训和教育。美国国防部制定的法规主要包括《国防采办教育、培训与职业发展计划》《采办职业发展计划手册》《采办职业管理计划》及 DoD 5000. 89《试验鉴定》等。

1.《国防采办教育、培训与职业发展计划》

《国防采办教育、培训与职业发展计划》（5000. 52 指令）是指导整个国防部系统采办人员培训和教育的指南。该计划明确了国防采办人员教育、培训与职业发展工作的管理体制及职责分工，确定国防部负责采办与技术的副部长办公室为该工作的统一管理机构，并制定了采办人员的具体培训方式和程序。

2.《采办职业发展计划手册》

国防部还制定了《采办职业发展计划手册》和《采办职业管理计划》，作为《国防采办教育、培训与职业发展计划》的补充和实施细则。《采办职业发展计划手册》包括国防部采办人员有效职业发展的程序，并包含了《美国法典》第 87 章第 10 条的要求。该手册为特定的采办员工职位类别和职业领域确立了经验、教育和培训标准，为采办员工成员提供了认证指南，并为采办员工提供了职业发展道路。采办职业管理主任应协助组件采办长官实施采办人员职业发展计划。采办职业管理主任负责执行本手册中的政策。

3.《采办职业管理计划》

《采办职业管理计划》中制定了试验鉴定人才管理的具体方法，并将其纳入未来的国防部人员管理系统中。该计划自实施以来，一方面，增加了对试验鉴定人员的选择余地，减少了管理工作量，仅人员的雇佣审查时间就缩短了 50%；另一方面，改进了训练策略，有助于确保人才培养系统成功地实施。

4.《试验鉴定》

2020 年 11 月 19 日，美国国防部发布首版 DoDI 5000. 89《试验鉴定》，为美国国防部新的采办程序中的试验鉴定工作明确了指导性的政策、责任、程序。这是美军首次将试验鉴定政策以独立文件形式纳入到国防部的采办文件体系中，也是美军军改以来发布的首份试验鉴定政策文件。指示主要包括 6 部分内容：概述、职责、试验鉴定程序、适应性采办框架、研制试验鉴定、作战试验鉴定和实弹射击试验鉴定。该指示中规定，研究与工程的国防部副部长负责制定政策和提供战略指导，领导研制试验鉴定及研究与工程的相关活动；负责审批试验鉴定主计划中的研制试验鉴定计划；确保研制试验鉴定的靶场设施、人力等资源充分可用，并为此制定相关政策。

5. 其他国防部法规

采办领域的其他法规往往也包含规范采办队伍发展的有关内容，如《2009 年武器系统采办改革法》第 301 节"对国防部优秀采办人员的奖励"，要求制定国防部层面的奖励计划，对优秀的采办人员或工作团队实施奖励。国防部还出台了一系列指令指示，规范采办队伍建设与管理，比较重要的如 DoD 5000.55 指示《上报国防部军职与文职采办人员及其职位的管理信息》，DoD 5000.66 指示《国防部采办、技术与后勤人员教育、训练与职业发展计划的运行》等，分别对采办队伍的管理、培训与发展进行了详细规范。

2.5 实施体系

美军装备试验鉴定人才培训主要依托国防采办大学实施，但是各军兵种也承担了大量试验鉴定培训任务。同时，美军还充分利用地方著名院校、学术团体等单位，开展试验鉴定人才培训。

美军装备试验鉴定人才培训的实施单位可分为 3 个层面，具体如图 2.6 所示。

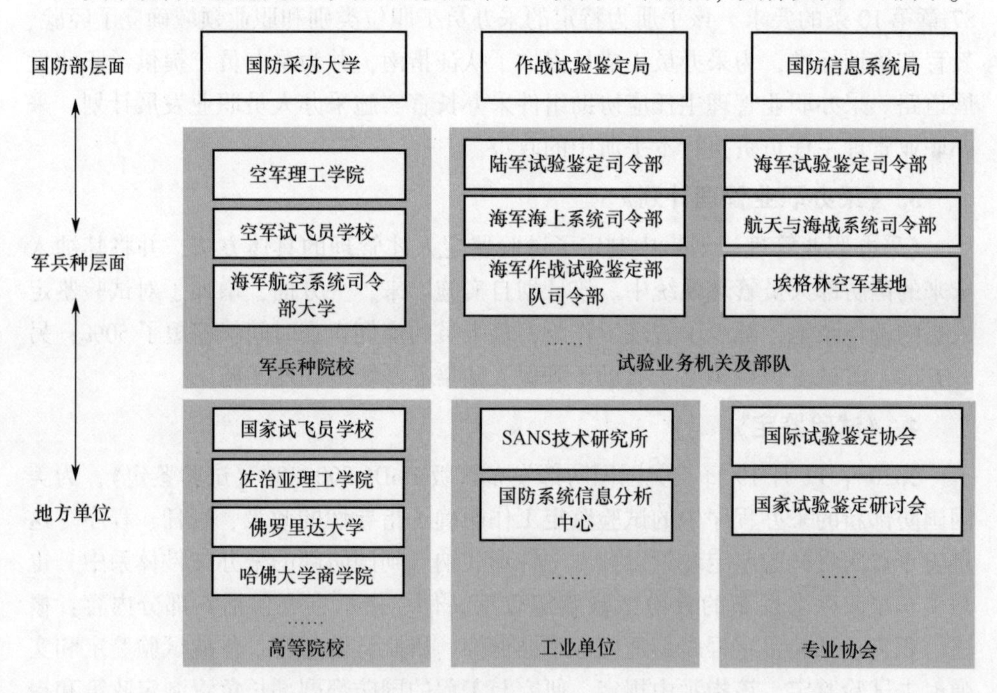

图 2.6 美军装备试验鉴定人才培训实施体系

2.5.1 国防部层面培训机构

国防部是试验鉴定培训最高领导机构，美军装备试验鉴定培训主要依托其下属单位国防采办大学完成。国防采办大学下设试验试验鉴定培训领域，主要为试验鉴定人员提供初、中、高3个等级资格认证培训。

为提升作战试验鉴机构人员队伍能力，作战试验鉴定局也为其所属人员（包括各类新入职人员等）提供一些的培训，主要包括试验设计、统计分析、可靠性等。

此外，为弥补信息技术领域试验鉴定培训空白，提升国防信息系统装备试验鉴定人员技能，美军国防部信息系统局也组织了一系列关于信息系统试验技术、联合互操作能力试验等内容的培训。

2.5.2 军兵种层面培训机构

除了利用国防采办大学的培训资源以外，美国陆、海、空三军分别针对自身武器装备试验鉴定特点，依托试验鉴定管理部门、直属院校、试验基地等单位，开办了一系列试验鉴定培训班次。

美国陆军试验鉴定司令部为奠定陆军试验鉴定人员业务基础，开办了“试验鉴定基础培训班”。

美国海军部专门制定了《海军部试验鉴定总培训目录》，为海军部试验鉴定工作人员的发展和培训提供一份动态文档和快速参考指南。该书汇总了美国海军各类可获得的试验鉴定培训班次，具体如图2.7所示。由该图可知，除了国防采办大学提供的培训外，美国海军各试验鉴定业务部门都提供了试验鉴定培训班次，主要培训实施单位涵盖海军航空系统司令部大学、航天与海战系统司令部、海军陆战队系统司令部、海军海上系统司令部、海军作战试验鉴定部队司令部、海军陆战队作战试验鉴定处等部门。

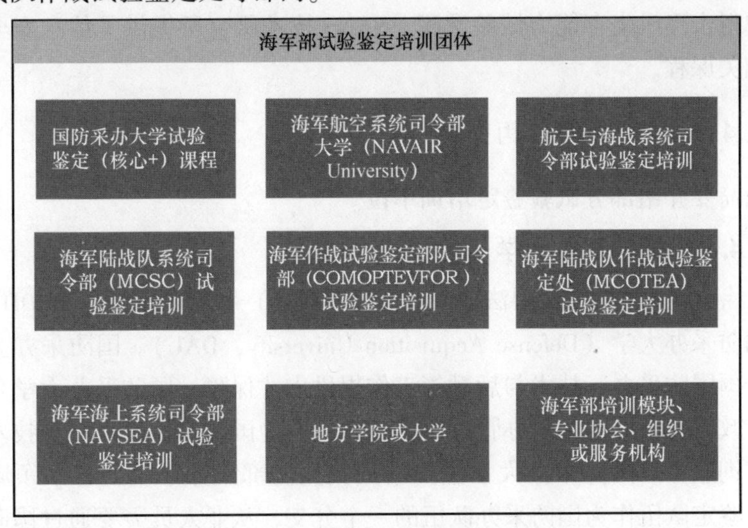

图2.7 美国海军试验鉴定培训资源

美国空军试验鉴定人才培训主要依托空军理工学院、空军试飞员学校、埃格林空军基地等单位开展。其中，空军理工学院、空军试飞员学校除了承担空军装备试验鉴定培训外，还承担其太空军试验鉴定人才培训。

2.5.3 地方单位

美军在军队单位开展试验鉴定培训的同时，还充分利用地方高校、试验鉴定专业协会、工业界等地方单位优势资源，开展试验鉴定培训。

美军培养试验鉴定人员的地方高校有佐治亚理工学院、国家试飞员学校的试验鉴定研究与教育中心、佛罗里达大学的工程与研究教育部等。这些大学不仅为培训合格的人员颁发专业证书，还授予其对应学历等级的学位证书。哈佛大学商学院还为试验鉴定关键领导岗位提供领导力开发课程培训。

在试验鉴定领域，美国还成立了一些专业协会，并充分利用专业协会力量推动试验鉴定学术研究和人才培训，如国际试验鉴定协会、国家试验鉴定研讨会等。其中，国际试验鉴定协会于 1980 年创办，吸纳了欧美许多著名的试验鉴定专家，在国际上具有较大的影响力。该协会组织的国际试验鉴定研讨会至今已经举办了 30 余届，有众多试验鉴定领域的军界高层出席会议并做主题发言。协会在成立伊始就创办了协会会刊《The ITEA Journal of Test and Evaluation》，每年 4 期，已成为试验鉴定领域顶级期刊。国家试验鉴定研讨会由国防大学主办，目前也已举办了 30 余届。

美军还利用工业单位力量开展专业性较强领域的试验鉴定课程培训，如国防系统信息分析中心（Defense System Information Analysis Center，DSIAC）提供了关于实弹射击飞机生存能力试验课程，SANS 技术研究所提供了信息安全领域试验鉴定相关课程。

2.5.4 典型培训机构介绍

下面简要介绍部分试验鉴定培训单位。

2.5.4.1 国防采办大学

1991 年 10 月，根据美国法律（10，USC1746）和国防部指令 DoDD 5000.57 成立了国防采办大学（Defense Acquisition University，DAU）。国防采办大学的任务是为美国国防采办、技术与后勤等工作提供人才保障。国防采办大学负责传播国防采办政策，开展国防采办管理研究工作，并为国防部负责采办与技术的副部长提供咨询服务。国防采办大学主要培训美国国防部采办系统的各个领域在职人员。试验鉴定队伍作为国防采办队伍的一个分支，从业人员需要通过国防采办大学的培训和教育，实现职业等级晋升与发展。

该大学总部位于弗吉尼亚州的贝尔沃堡，在全美共有 5 个州级校区。除去总部弗吉尼亚州贝尔沃堡外，还有阿拉巴马州的亨茨维尔、加利福尼亚州的圣地亚哥、马里兰州的加利福尼亚和俄亥俄州的凯特林。图 2.8 给出了 DAU 校区分布及 2017 财年培训人数情况。此外，通过与美国 150 多所学院和大学的合作，DAU 拥有广泛的影响力。

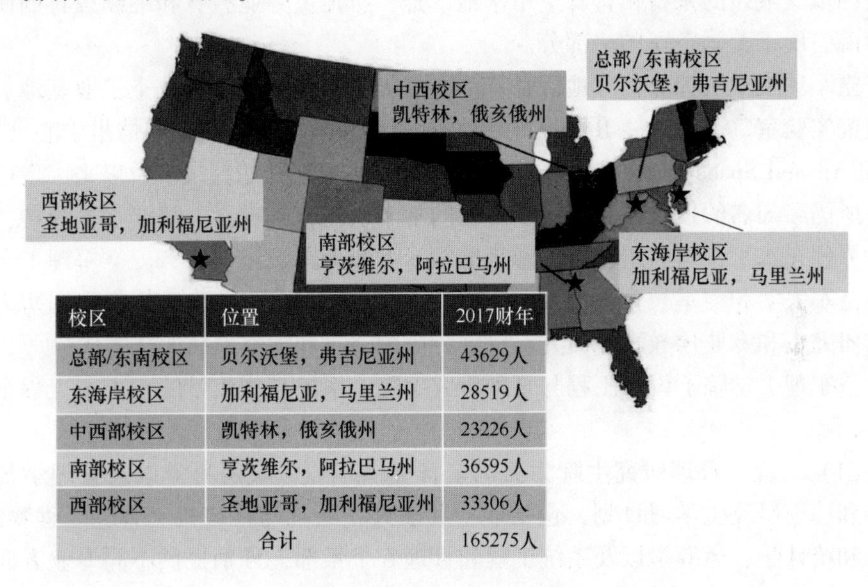

校区	位置	2017财年
总部/东南校区	贝尔沃堡，弗吉尼亚州	43629人
东海岸校区	加利福尼亚，马里兰州	28519人
中西部校区	凯特林，俄亥俄州	23226人
南部校区	亨茨维尔，阿拉巴马州	36595人
西部校区	圣地亚哥，加利福尼亚州	33306人
合计		165275人

图 2.8　2017 财年国防采办大学各校区培训情况

国防采办大学为试验鉴定人员主要提供初、中、高 3 个等级的认证培训和继续教育模块。教学方式主要分为以下 4 种类型。

（1）对于中、高层试验管理人员开展住校培训。主要是针对中、高层管理人员的课堂培训，包括在课堂开展的各种短期讲座、授课、案例分析、研讨等。

（2）对于中、低层试验管理人员开展网络培训。国防采办大学建立了一个基于网络的学习管理系统，进行网络授课，在网上公布“继续教育模块”，提供培训课程，如国防部 5000 系列模块、需求生成模块、项目管理人员采办模块、费用估算模块等计算机辅助教育教程，内容直观易懂，为受训人员提供了很好的学习形式。

（3）对高层项目主管开展个性化任务支持培训。以具体采办任务为牵引，为采办人员提供培训与咨询服务，主要在项目管理办公室现场提供针对性与个性化的业务培训。

（4）对全体人员采用知识共享系统培训。国防部建立一个网络知识共享系统，为国防预研项目管理人员查找相关信息资料、与本领域专家取得联系提供便利，包括国防采办门户、采办团体联系、推特、手机门户等多个网站系统以及多种在线工具。

2.5.4.2 空军理工学院

空军理工学院（Air Force Institute of Technology，AFIT）成立于1919年，位于美国俄亥俄州的莱特帕特森空军基地，是一所提供专业教育和继续教育的研究生学院，属于美国空军的一部分。

空军理工学院拥有代顿地区独特的区位优势，靠近美国的航空工业基地、空军研究实验室（Air Force Research Laboratory）和国家航空和空间情报中心（National Air and Space Intelligence Center），自1954年起开始授予学位以来，现已成为一所国际知名的授予硕士和博士学位的学术机构，其教学、科研水平独特，达到世界领先水平，重点培养空军未来的领导者和为国防建设服务。空军理工学院作为空军大学和空军教育与训练司令部的一个组成部分，致力于提供以国防为重点的研究生和专业再教育和研究，以维持美国空军和太空部队的技术优势。

空军理工学院下设有工程与管理研究生院、系统与物流学院、土木工程学院3个学院。

（1）工程与管理研究生院为美国军官提供工程、应用科学以及管理学科的硕士和博士研究生学习计划，包括航空和航天、电气与计算机工程、工程物理、数学和统计学、运筹学以及系统工程和管理6个系部，分别提供不同专业方向的研究生教育。

（2）系统与后勤学院讲授80多种专业继续教育的课程，包括后勤管理、合同、系统管理、软件工程和财务管理等，授课方式包括在校学习、驻地学习和网上学习等多种方式。

（3）土木工程学院提供土木工程和环境相关的专业继续教育课程，并为美国航空和航天部队提供咨询支持。

空军理工学院主要依托工程与管理研究生院开展试验鉴定类课程培训。工程与管理研究生院是空军理工学院培养研究生的研究机构，是整个学院中唯一授予学位的机构，因而，它是整个空军理工学院研究生教育的核心。该学院提供了一个试验鉴定认证项目，培训内容主要针对试验鉴定关注领域，包括试验设计（DOE），可靠性、维修性和可用性分析等。

2.5.4.3 国家试飞员学校

国家试飞员学校（National Test Pilot School，NTPS）始建于1981年，是世界上最大的7所试飞学校中唯一一所非军事学校。国家试飞员学校的主要任务是美国军方及非军方单位培训试飞员与试飞工程师。学校开设有“作战试验鉴定课程”继续教育培训课程。每年办4次，每次为期3周。该课程一般与为期2周的航电系统试验课程共同组成系列培训方案。国家试飞员学校的课程主要面向作战试验鉴定相关人员，也面向研制试验鉴定人员、项目办公室人员、试验项目经理等。课程内容还包括大型作业练习，具体是要求学员根据使用需求制定试验计划、进行飞行试验并编写报告，说明飞机或系统满足任务需求的程度。国家试飞员学校讲授的专题包括：采办过程、研制试验鉴定、作战试验鉴定理念与过程、用户需求过程、作战试验鉴定准则开发、试验计划与数据、风险管理与试验安全以及可靠性、维修性与可用性、实验室作业、性能与操作质量试验技术等。

第3章　美军国防部层面试验鉴定人才培训

美军国防部主要依托国防采办学开展试验鉴定人才培训，同时作战试验鉴定局、国防信息系统也分别针对所属员工开展了一系列培训。

3.1　国防采办大学开展的培训

依据图2.3中美军装备试验鉴定人员职业成长路径模型，美军装备试验鉴定职业岗位需要经历入门级、中级、高级、关键领导岗位4个等级，分别需要通过相应认证和培训提升职业技能。其中，入门级、中级和高级三级认证培训由国防采办大学（DAU）承担，所有试验鉴定工作人员都需要按照他们职位的等级完成相关DAU课程。完成试验鉴定Ⅰ、Ⅱ和Ⅲ级职业资格认证教育所需的DAU核心课程具体如图3.1所示。该图不仅给出了各级认证培训的主要课程，还给出了教育和工作经历要求。

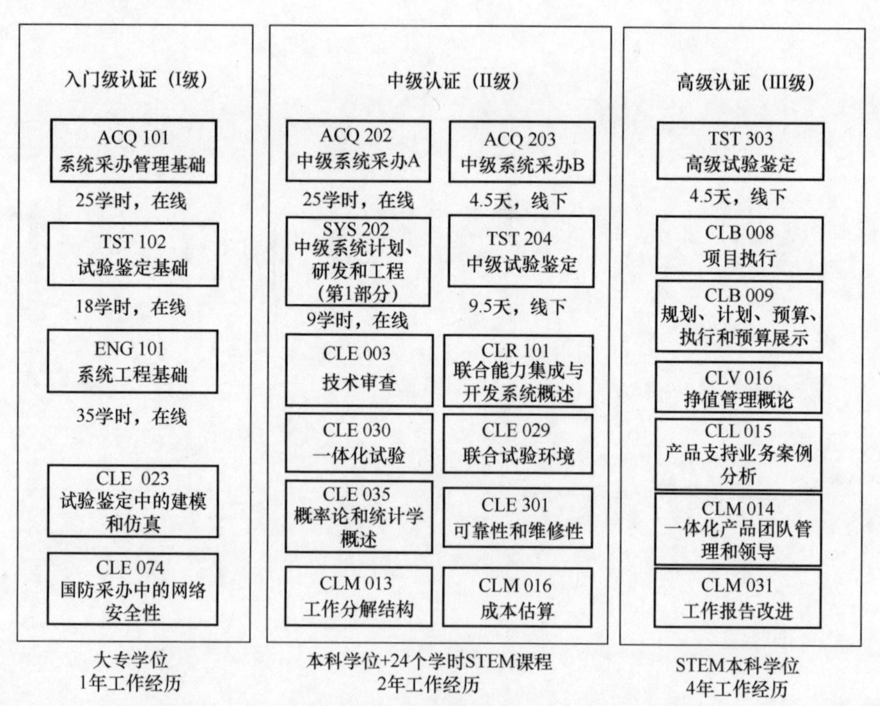

图3.1　国防采办大学试验鉴定认证培训课程体系

DAU 还开设了一部分面向关键领导岗位的领导力开发课程。同时，DAU 承担指定培训、应用研究和继续学习机会。该大学还通过任务援助、新兴采办倡议的快速部署培训、在线知识共享工具和持续学习模块来促进试验鉴定人员专业技能发展，关于这些网络化在线资源和工具将在第 4 章详细阐述。

3.1.1　入门级培训

试验鉴定的入门级培训（等级 I）是试验鉴定职业领域人员的一级认证途径。培训对象是 0-1 至 0-3 军官和国防采办系统的 5~9 级文职人员。以下将从入门级培训目标、课程设置、主要内容和认证标准 4 个方面进行说明。

3.1.1.1　培训目标

入门级培训的目的是通过培训要达到对国防系统采办管理的基本了解，了解试验鉴定的原则、政策、流程和实践方法。经过入门级培训后，学员应理解试验鉴定在项目采办中的作用，理解国防部试验鉴定过程，理解试验鉴定主计划，能与项目经理就试验鉴定事宜进行交流。

3.1.1.2　课程设置

入门级培训的课程主要包括系统采办管理基础、试验鉴定基础、系统工程基础、试验鉴定中的建模与仿真、国防采办中的网络安全性等课程，主要采取在线学习的方式进行。详见表 3.1 入门级培训课程列表。

表 3.1　入门级培训核心课程列表

序号	课程代号	课程名称	课时	学习方式	预备课程
1	TST 102	试验鉴定基础	18 小时	全年提供远程学习	系统采办管理基础 系统工程基础
2	ACQ 101	系统采办管理基础	25 小时	全年提供远程学习	无
3	CLE 023	试验鉴定中的建模与仿真	3 小时	全年连续学习	无
4	CLE 074	国防采办中的网络安全性	5 小时	全年连续学习	无
5	ENG 101	系统工程基础	35 小时	全年提供远程学习	系统采办管理基础

3.1.1.3　主要内容

考虑到试验鉴定基础为入门级培训的基本专业课程，对该课程进行重点介绍。

（1）TST 102 试验鉴定基础。试验鉴定基础课程涵盖了《国防采办指南》中概述的集成试验鉴定流程，并提供了为使试验鉴定人员和其他人员更有效地参与国防部试验鉴定活动所需的基本基础知识。本课程是试验鉴定职业领域 I 级认证培训要求的一部分。此外，作为试验鉴定的基本介绍，课程同样适用于其他采办管理和项目管理人员，使他们更多地了解试验鉴定在采办系统中的关键作用。试验鉴定基础课程全年提供远程学习，课程长度约为 18 小时。该课程先修课为 ACQ 101 系统采办管理基础、ENG 101 系统工程基础课程。

试验鉴定基础课程共设置了 20 个专题，其主要内容及学习目标包括确定试验鉴定在采办生命周期中的作用、认识试验鉴定的重要性、认识试验鉴定管理的关键组织和因素、认识试验鉴定需求的关键方面、认识试验鉴定的过程步骤和主要活动、认识试验鉴定的过程步骤和主要活动、认识研制试验鉴定（DT&E）的关键部分和作用、认识实弹射击试验鉴定（LFT&E）的主要组成部分及其相关要求和问题等，详细内容如表 3.2 所列。

表 3.2　TST 102 试验鉴定基础课程学习内容目标

TST 102. U01. 01 确定试验鉴定在采办生命周期的作用
TST 102. U01. 01. 01 明确试验鉴定的目的
TST 102. U01. 01. 02 认识在采办过程每个阶段所运用的典型试验鉴定活动
TST 102. U01. 01. 03 以正确的顺序安排典型试验活动和产品
TST 102. U01. 01. 04 认识不同的采办方法对试验鉴定的影响
TST 102. U02. 01 认识试验鉴定的重要性
TST 102. U02. 01. 01 确定美国公法、国防部 5000 系列文件、《国防采办指南》和各军种/机构文件中概述的试验鉴定目标和产品
TST 102. U02. 01. 02 描述与系统工程相关的试验鉴定活动的作用
TST 102. U02. 01. 03 认识试验鉴定如何帮助管理项目风险、问题和机遇
TST 102. U02. 01. 04 认识试验鉴定的关键经验教训和最佳实践
TST 102. U03. 01 认识试验鉴定管理的关键组织和因素
TST 102. U03. 01. 01 认识国防部、各军种及机构的试验鉴定的关键组织及其作用
TST 102. U03. 01. 02 描述关键试验鉴定人员的典型作用和职责
TST 102. U03. 01. 03 认识环境、安全与职业健康（ESOH）要求对试验鉴定活动的影响
TST 102. U03. 01. 04 认识试验鉴定人员的道德责任
TST 102. U04. 01 认识试验鉴定需求的关键方面
TST 102. U04. 01. 01 认识关键项目文件和联合能力集成与开发系统（JCIDS）文件以及它们在试验鉴定过程中的作用
TST 102. U04. 01. 02 认识关键性能参数，包括关键技术参数（CTP）、关键性能参数（KPP）、效能指标（MOE）、适用性指标（MOS）和效能指标（MOP）
TST 102. U04. 01. 03 认识怎样使用关键性能参数，包括 CTP、KPP、MOE、MOS 和 MOP
TST 102. U04. 01. 04 认识试验鉴定主计划（TEMP）的主要内容
TST 102. U05. 01 认识试验鉴定的过程步骤和主要活动
TST 102. U05. 01. 01 认识国防部试验鉴定过程的 5 个主要步骤

续表

TST 102. U05. 01. 02 认识国防部试验鉴定每个步骤中的关键活动
TST 102. U05. 01. 03 描述如何进行试验评审准备
TST 102. U05. 01. 04 区分事件驱动试验和计划驱动试验
TST 102. U05. 01. 05 认识如何使用技术就绪性等级（TRL）来支持试验鉴定
TST 102. U06. 01 认识研制试验鉴定（DT&E）的关键部分和作用
TST 102. U06. 01. 01 认识研制试验鉴定相关的重点内容、主要活动和产品
TST 102. U06. 01. 02 认识试验鉴定与系统工程之间的关系，包括验证与确认的区别
TST 102. U06. 01. 03 定义常用的 4 种不同类型的验证方法
TST 102. U06. 01. 04 区分研制试验鉴定中的承包商作用与政府作用
TST 102. U06. 01. 05 区分合格性试验和验收试验
TST 102. U07. 01 认识实弹射击试验鉴定（LFT&E）的主要组成部分及其相关要求和问题
TST 102. U07. 01. 01 认识与实弹射击试验鉴定有关的目的、法定要求和规划等方面
TST 102. U07. 01. 02 定义一个“覆盖系统”
TST 102. U07. 01. 03 确定需要进行实弹射击试验鉴定的项目类型
TST 102. U07. 01. 04 区分“敏感性”“脆弱性”和“致命性”
TST 102. U08. 01 认识作战试验鉴定（OT&E）的关键部分并描述其与研制试验鉴定的关系
TST 102. U08. 01. 01 认识参与作战试验鉴定的关键组织
TST 102. U08. 01. 02 认识与作战试验鉴定相关的重点内容、主要活动和产品
TST 102. U08. 01. 03 区分作战试验鉴定和研制试验鉴定
TST 102. U08. 01. 04 区别“作战效能”和“作战适用性”
TST 102. U08. 01. 05 描述作战试验的 3 种类型
TST 102. U08. 01. 06 认识研制试验和作战试验相结合的方法及其价值，包括一体化试验
TST 102. U09. 01 认识怎样用建模仿真（M&S）来支持试验鉴定
TST 102. U09. 01. 01 描述建模仿真在试验鉴定活动中的运用
TST 102. U09. 01. 02 描述与建模仿真相关的“校核”“验证”与“确认”
TST 102. U09. 01. 03 确定仿真的 3 个等级
TST 102. U09. 01. 04 认识将建模仿真用于试验鉴定活动的优缺点
TST 102. U10. 01 认识软件试验鉴定的关键部分
TST 102. U10. 01. 01 认识软件测试所使用的技术基础
TST 102. U10. 01. 02 描述软件商用现货（COTS）产品专项试验的考虑因素
TST 102. U10. 01. 03 认识典型软件开发和试验活动
TST 102. U10. 01. 04 区分“白匣子”“灰匣子”“黑匣子”软件的试验方法
TST 102. U10. 01. 05 确定试验中使用的常见软件缺陷报告类别

续表

TST 102. U10. 01. 06 认识怎样测定“软件成熟度”
TST 102. U10. 01. 07 确定软件试验的“最佳实践”
TST 102. U11. 01 认识后勤试验鉴定的关键部分
TST 102. U11. 01. 01 描述后勤试验鉴定的目的和流程
TST 102. U11. 01. 02 确认后勤试验所涵盖的基本要素
TST 102. U11. 01. 03 定义术语：可靠性、维护性和可用性
TST 102. U11. 01. 04 认识如何测量可靠性、维护性和可用性
TST 102. U11. 01. 05 定义可靠性增长的概念
TST 102. U11. 01. 06 认识统计在试验可靠性中的作用
TST 102. U12. 01 认识商用现货、非研制项目（NDI）、联合和多军种试验鉴定（T&E）专项考虑因素
TST 102. U12. 01. 01 明确商用现货和非研制项目产品的专项试验考虑因素
TST 102. U12. 01. 02 区分“联合试验”与“多军种部门试验”
TST 102. U13. 01 认识试验鉴定互操作性的关键方面
TST 102. U13. 01. 01 认识国防部试验互操作性的关键方面
TST 102. U13. 01. 02 描述联合互操作能力试验司令部（JITC）互操作性试验的作用
TST 102. U13. 01. 03 认识“网络中心性”的关键方面
TST 102. U14. 01 认识网络安全试验鉴定的特殊考虑因素
TST 102. U14. 01. 01 认识网络安全对国防部采办项目的适用性
TST 102. U14. 01. 02 确定网络安全（包括用于试验鉴定的网络安全）工作的作用和责任
TST 102. U14. 01. 03 确定风险管理框架
TST 102. U15. 01 认识试验鉴定数据管理的关键方面
TST 102. U15. 01. 01 明确数据管理要求的制定标准
TST 102. U15. 01. 02 确定数据的合同要求
TST 102. U15. 01. 03 描述试验数据库元素
TST 102. U16. 01 认识制定和记录试验鉴定项目策略的重要考虑因素
TST 102. U16. 01. 01 认识如何制定试验鉴定的项目策略
TST 102. U16. 01. 02 描述“稳健测试”的关键方面
TST 102. U16. 01. 03 描述试验鉴定主计划（TEMP）的目的和总体安排
TST 102. U16. 01. 04 描述国防部主要靶场和试验设施基地

续表

TST 102. U16. 01. 05 描述威胁验证过程
TST 102. U17. 01 确定试验规划的关键部分
TST 102. U17. 01. 01 确定试验的4个阶段
TST 102. U17. 01. 02 描述一个“试验计划”的关键因素
TST 102. U17. 01. 03 了解如何将能力转换为试验标准
TST 102. U17. 01. 04 描述典型的试验规划指标
TST 102. U17. 01. 05 确定试验管理的指导方针
TST 102. U17. 01. 06 确定试验鉴定工作层一体化产品小组（WIPT）的关键成员及其作用
TST 102. U18. 01 认识试验实施的关键方面
TST 102. U18. 01. 01 描述试验实施过程中的3个主要步骤
TST 102. U18. 01. 02 识别常见的测试数据管理问题
TST 102. U18. 01. 03 识别常规数据资源和数据错误
TST 102. U18. 01. 04 认识试验前、试验中和试验后的相关活动
TST 102. U19. 01 认识分析和鉴定试验结果的关键方面
TST 102. U19. 01. 01 确定数据分析和系统鉴定的原则和策略
TST 102. U19. 01. 02 区分“分析”与“鉴定”
TST 102. U19. 01. 03 描述基本统计概念及其在试验鉴定中的应用
TST 102. U20. 01 认识试验报告的关键方面
TST 102. U20. 01. 01 确定国防部试验鉴定报告的目标
TST 102. U20. 01. 02 确定试验报告中应包含的关键项
TST 102. U20. 01. 03 确定采办类别（ACAT）中Ⅰ/Ⅱ类项目所需的主要试验报告

（2）ACQ 101 系统采办管理基础。系统采办管理基础课程专门为在国防部采办管理方面经验不足或零经验的人员设计的，该课程对总部、项目管理部门、职能部门或支持部门的人员非常有用。虽然该课程是为0-1到0-3军官，与国防部GS-5到GS-9的文职人员进行设计的，但这门课程对所有职级和等级开放。系统采办管理基础课程提供了国防部系统采办过程的广泛概述，涵盖了采办的所有阶段。它介绍了联合能力集成开发系统；计划、编程、预算和执行流程；国防部5000系列政策文件；当前系统采办管理中存在的问题。本课程全年提供远程学习，课程长度约为13小时。

（3）CLE 023 试验鉴定的建模与仿真。试验鉴定建模与仿真课程从试验鉴定的角度提供了关于试验鉴定计划和执行的要求、优势和挑战的关键信息。在系统的生命周期中有效地使用试验鉴定的建模与仿真可以显著地降低程序风险，并且对程序经理、系统工程师、决策者和系统用户大有帮助。该课程全年持续学习，课程长度约为 3 小时。

（4）CLE 074 国防部采办中的网络安全。这个持续学习模块涉及对网络安全和网络安全风险管理在国防采办领域的基本原则的基本理解。该模块针对所有国防部采办职业领域，特别是 0-3 及以上的军官，GS-9 及以上的文职人员，以及整个国防采办队伍的行业同类人员。本课程全年持续学习，课程长度约为 5 小时。

（5）ENG 101 系统工程基础。系统工程基础课程是一门技术严谨、内容全面的系统工程及其涉及的各种技术管理和技术过程及应用的介绍。适用于采办人员中的系统工程师，也适合于技术和项目管理岗位的采办人员。系统工程基础课程以国防采办指南中概述的系统工程流程为基础，为系统工程师和其他人有效参与国防部系统工程流程及其相关活动的应用和管理提供必要的基础知识。系统工程基础课程全年提供远程学习，课程长度约为 35 小时。

3.1.1.4 认证标准

完成入门级培训核心课程，所有课程的考试必须均达到 80%的最低分通过标准。学员有两次重考机会，如果第三次失败，则自动重新开始课程。完成课程后，还需要提交布置的作业，并在本课程每节课结束时通过一次考试。入门级培训的核心认证标准如表 3.3 所列。

表 3.3 入门级培训核心认证标准

采办培训	ACQ 101 系统采办管理基础
职能培训	CLE 023 试验鉴定中的建模与仿真 CLE 074 国防部采办中的网络安全 ENG 101 系统工程基础 TST 102 试验鉴定基础
教育	大专学位（不限学科）
经验	1 年试验鉴定工作经验

3.1.2 中级培训

中级培训是试验鉴定职业领域二级认证培训（level Ⅱ）。培训对象是试验鉴定领域的工作人员，国防采办系统的政府 11/12/13 级雇员。以下将从入门级培训目标、课程设置、主要内容和认证标准 4 个方面进行说明。

3.1.2.1 培训目标

通过中级培训能掌握有关采办政策和主要采办人员的任务，能进行多种职能和协同环境的合作，能承担比较复杂的任务。中级培训目的是加强试验鉴定人员对试验鉴定机构业务的了解，提升试验鉴定专业技能，包括试验鉴定计划、管理、实施，以及问题处理等能力，并初步培养其领导能力。

3.1.2.2　课程设置

该层次培训采取在线学习与课堂学习相结合的方式，主要课程内容包括中级系统采办、中级试验鉴定、一体化试验、联合试验环境、概率论和统计学概述、可靠性和维修性等，核心课程具体如表 3.4 所列。

表 3.4　中级培训核心课程列表

序号	课程代号	课程名称	课时	学习方式	预备课程
1	TST 204	中级试验鉴定	9.5 天	全年在校学习	中级系统采办，试验鉴定基础，一体化试验
2	ACQ 202	中级系统采办（A）	25 小时	全年提供远程学习	系统采办管理基础
3	ACQ 203	中级系统采办（B）	4.5 天	全年提供在校学习	中级系统采办 A 部分
4	SYS 202	中级系统计划、研发、和工程（第一部分）	9 小时	全年提供远程学习	ACQ 203 中级系统采办 B 部分、ENG 101 系统工程基础
5	CLR101	联合能力集成与开发系统概述	3.5 小时	全年连续学习	无
6	CLE 003	技术审查	3 小时	全年连续学习	无
7	CLE 029	联合试验环境	3 小时	全年连续学习	无
8	CLE 030	一体化试验	2.5 小时	全年连续学习	无
9	CLE 035	概率论和统计学概述	4 小时	全年连续学习	无
10	CLE 301	可靠性和维修性	4 小时	全年连续学习	无
11	CLM 016	成本估算概论	8 小时	全年连续学习	无

3.1.2.3　主要内容

考虑到中级试验鉴定是中级培训的基本专业课程，本节对该课程进行重点介绍。

（1）TST 204 中级试验鉴定。中级试验鉴定课程建立在专业知识、技能和国防部试验鉴定政策、流程和实践相关工作经验的基础上。许多解决问题的情景要求学员参与到试验鉴定概念和原则的具体应用实践中。中级试验鉴定课程主要包括试验鉴定在系统采办中的作用，试验鉴定规划和试验鉴定战略，试验鉴定总体规划发展，试验鉴定项目管理，计划、实施和处理试验鉴定活动成果。课程详细内容及目标如表 3.5 所列。

表 3.5 中级试验鉴定课程学习内容目标

专题	内容及目标
1	**根据一套描述概念武器系统采办的相关文件，学生将就完成一个里程碑 A 试验鉴定主计划（TEMP）所需的信息进行分析，并基于分析文件来支持试验鉴定的规划工作**
	具备跨项目文档比较性能的能力
	具备分析试验鉴定规划文件内容相似性的能力
2	**鉴于目前地方、国家和/或国际国防部试验鉴定政策和活动，学生将根据当前政策变化和趋势，讨论对国防部 T&E 采办社区和相关利益相关者的潜在影响**
	根据当地、国家和国际试验鉴定政策和活动，确定对外部环境和最终用户的潜在影响
	根据试验鉴定政策、原则、步骤、要求和规定，向项目决策者汇报确定潜在影响
3	**根据系统描述，学生将正确地评估一个项目的试验鉴定策略**
	确定多军种试验鉴定和服役评估对一个项目 T&E 的影响
	确定对国防部试验鉴定社区通常经历的 T&E 策略的影响
	确定衡量试验鉴定策略是否适合成本效益的方法
	根据系统描述，评估支持系统开发过程所需内容的里程碑 A 试验鉴定主计划
	根据系统描述，确定所需资源以确保试验鉴定策略的可执行性，并支持整个项目计划和 T&E 策略；确定必要的资源在可能的地方、在需要的时候能被使用
	认识特定验证和试验鉴定方法的优点和缺点
	对比使用综合试验鉴定的风险和好处，以及通信试验（CT）、研制试验（DT）、作战试验（OT）和实弹射击试验鉴定（LFT&E）在系统开发过程中如何配合
	确定试验鉴定工作层一体化产品小组（WIPT）/一体化试验小组（ITT）/联合试验团队，以解决 T&E 问题和文案材料，从而支持 T&E 策略、方法和总项目计划
4	**根据里程碑 A 试验鉴定主计划（TEMP），学生将正确地评估与信息技术系统试验鉴定相关的问题**
	认识试验鉴定在规定文件（网络安全策略，项目保护方案，信息支持方案）中的作用，以确定支持 T&E 规划工作的鉴定标准
	根据里程碑 A 试验鉴定主计划，解决与网络安全、系统工程和 IT 系统开发相关的问题
	根据里程碑 A 试验鉴定主计划，评判网络安全策略的充分性
	根据里程碑 A 试验鉴定主计划，评判软件密集型系统试验鉴定方法的充分性
	根据里程碑 A 试验鉴定主计划，评判系统互操作性的试验鉴定方法
	认识软件和网络安全试验鉴定如何融入系统开发
	根据里程碑 A 试验鉴定主计划，分析与大型系统中软硬组件互操作性和集成（正确运行和执行）相关的问题

续表

专题	内容及目标
5	**给定一个场景，学员依据国防部政策，开发试验鉴定主计划内容**
	给定一个场景，评估能力需求是否被很好地定义，是否可以在试验期间进行度量和/或评估，以及是否与作战任务相关
	根据一个场景，评估试验计划是否支持试验目标/系统需求，收集到的数据是否支持已设定的作战效能、适用性和生存力指标
	认识试验鉴定在需求文件（初始能力文件、能力开发文件、能力生产文件、系统威胁评估报告和作战模式总结/任务概要）的开发过程中的作用
	根据国防部政策，评判试验鉴定主计划和开发所需内容，以支持系统的技术要求和采买策略以及国防部常见的政策、惯例和程序
	根据试验鉴定主计划，确定必要的试验鉴定资源和基础设施需求与不足（人员/常识、资金、设施/靶场、仪器仪表和相关支持、软件系统一体化实验室和建模仿真）
	确定组织在提供或监督试验鉴定策略和试验鉴定主计划工作中的作用和职责
	确认环境、互操作性、网络安全和任务级试验应适用于系统开发
	根据试验鉴定主计划，构建“研制试验鉴定框架矩阵”，并讨论如何用收集到的数据来支持鉴定框架
	识别一个系统生存力和杀伤力的评估过程
	区分致命性和脆弱性实弹射击试验鉴定（LFT&E），以及作战试验部门（OTA）的生存力鉴定
	根据一个场景，开发关键技术参数（CTP）、效能指标（MOE）、适用性指标（MOS）、支持系统性能要求评估和鉴定的数据需求、关键性能参数（KPP）、关键系统特性（KSA）和关键作战问题（COI）
6	**根据系统描述，学生将识别与可靠性、可用性和维护性试验鉴定相关的问题和风险**
	识别影响系统可靠性、可靠性增长研制试验鉴定（DT&E）和作战试验鉴定（DT&E）的关键特征和因素
	根据研制试验鉴定和作战试验鉴定的系统需求，在评估试验系统（SUT）的可靠性、维护性和可用性时，确定风险和约束条件
	评判可靠性增长试验鉴定的方法
	分析与给定项目的各种可靠性增长规划因素相关的风险
	根据系统描述，学生将识别与可靠性、可用性和维护性试验鉴定相关的问题和风险

续表

专题	内容及目标
6	分析与系统工程（SE）可靠性增长活动相结合的试验鉴定可靠性增长策略的潜力，以确保T&E可靠性增长项目的成功
7	**根据一个场景和国防部指导，学生将开发用于支持试验鉴定的数据管理计划信息**
	确认国防部在试验鉴定数据管理方面的政策，包括数据安全、试验数据的存档和发布
	描述校核与验证试验数据集的数据认证过程，保护试验数据的完整性，确保收集数据的有效性，使之满足试验目标
	认识到为得到公正的试验鉴定结果，需要可衡量、高质量、及时且有成本效益的数据
	描述数据失败的定义和评分过程，包括可靠性、可用性和维护性评分会议
	开发支持试验鉴定数据管理计划的信息
8	**根据国家武器系统的关键要求，学生将开发一个作战性或研制性试验场景（高级试验计划），用来解决关键作战问题/关键技术参数，并支持总体项目计划**
	根据国家武器库的关键要求，开发一个试验场景（高级试验计划），包括试验条件、受控和非受控变量的识别
	根据国家武器库的关键要求，开发一个支持整个项目计划的试验场景（高级试验计划），包括研制试验/作战试验相结合的机会
9	**根据系统描述，学生将能够正确且有组织地执行研制试验鉴定计划演示、演练（飞行员试验），包括数据收集、分析、鉴定、行动后审查和汇报**
	根据系统描述，编制一份试验鉴定策略/试验计划，整合政策、项目要求、成本和资源估算、鉴定框架和T&E进度表，以完成项目目标
	根据系统描述，评估试验鉴定有关因素（包括资源、产品成熟度和工作人员）
	正确制定试验准备度审查计划
	根据系统描述，监督安全合规性（如进行试验的人员、项目/系统）和环境要求及制约因素，保护资源，遵守已有策略
	根据系统描述，提供完成试验鉴定活动所需的资源，并考虑T&E支持和资源的财务成本估算
	根据系统描述，为支持计划的分析、鉴定和汇报，将原始数据分析成为有组织且有意义的数据产品
	根据系统描述，提交试验鉴定的演示文稿（快速查看、试验、分析和鉴定报告），以获取用来支持决策的试验背景、方法、局限性、结果、鉴定和建议

续表

专题	内容及目标
9	根据系统描述，开发支持试验项目所需的劳动力和其他试验鉴定的支持和资源信息
	根据系统描述，进行试验准备程度审查以确定系统/供试品的准备情况
10	**根据系统描述和国防部要求，学生将研制试验操作的步骤和制约条件，使之符合安全、环境和风险管理政策**
	根据系统描述，评估试验鉴定风险因素以及发生的可能性和后果
	根据系统描述，针对特定的试验鉴定风险因素，制定风险缓解/风险管理计划信息
	认识用来支持试验鉴定规划工作的“环境、安全与职业健康”（ESOH）和风险管理的作用
11	**根据试验场景、试验数据和国防部指导，学生将根据他们对试验中发生事件的鉴定创建一份作战试验汇报**
	根据一个场景，分析试验过程中出现的挑战和问题；包括权衡影响解决方案信息的相关性和准确性
	汇报试验结果、局限和支持决策的建议，包括基于这些性能结果制定的试验结论
	根据试验发生的事件，鉴定事故中使用的试验鉴定策略和解决方案
	根据试验数据，分析数据不一致、差距、错误和其他可能影响分析和鉴定的缺陷
12	**根据一个场景，学生将预测作战试验机构、项目办公室和采办社区的其他内部和外部客户的需求**
	根据一个场景，识别与试验鉴定相关的道德标准和问题，包括提供公正的 T&E 分析、鉴定和汇报/结果的需要
	根据一个场景，通过测算试验鉴定结果和决策的影响，做出好的决策（即使在有限数据或解决方案产生负面后果的情况下）
	根据一个场景，分析已认定的试验鉴定风险因素和潜在资源问题/因素（如缺乏时间、资金、劳动力、试验靶场/设施、试验品/平台、环境问题、新技术和产品/系统成熟度）对整个项目计划和进度的影响，以及缓解建议
	预测作战试验机构、采办项目办公室以及采办社区其他内部和外部客户的需求
	针对作战试验机构、项目办公室以及采办社区其他内部和外部客户的需求，研制解决方案

续表

专题	内容及目标
13	**根据一个场景，学生将确定适用于国防部试验鉴定的试验设计、分析和鉴定方法**
	分析实验设计在国防部试验鉴定中的适用性
	确定使用统计方法的含义，并开发适合的分析和鉴定技术
14	**根据国防部指导，学生将就建模仿真与系统试验鉴定相结合的相应试验策略进行讨论**
	认识到建模仿真（M&S）的正当使用，以补充实时试验数据，满足试验目标，并确保鉴定的充分性
	识别与使用建模仿真鉴定系统和系统中系统相关的利益和风险
	认识分布式试验的潜在用途，包括使用实时、虚拟和构造性模型和仿真
	认识建模仿真校核、验证与确认（VV&A）要求的含义
15	**根据试验鉴定组织，学生将正确开展 T&E 最佳实践和总结经验教训**
	认识使用试验鉴定最佳实践的好处，并应用从类似试验活动和事件中总结的经验教训，以交付高质量的 T&E 产品和服务，确保对 T&E 方法和流程进行持续改进
	记录关于数据收集、分析和鉴定等主题的经验教训
16	**根据系统描述，学生将正确地构建出试验鉴定问题的解决方案，包括快速响应和适用新信息、变更要求文件以及影响 T&E 策略、方法和总体计划的变化环境**
	根据试验鉴定场景，根据提供的信息确定潜在的或已发生的问题
	根据一个涉及接收可能会影响试验鉴定活动的新信息场景，为响应并适应已认定的 T&E 问题构建一个解决方案
	根据一个变更要求文件的场景，为响应并适应已认定的 T&E 问题构建一个解决方案
	根据一个在不断变化且对试验鉴定策略、方法和总计划造成影响的情况场景，为响应并适应已认定的 T&E 问题构建一个解决方案
17	**根据系统案例，学生将正确编制作战试验鉴定计划、执行和报告文档**
	根据系统案例，通过适应实时变化/挑战，正确管理试验执行/风险缓解因素（安全、进度、资源、故障隔离和优先级），优化对作战性能有重大影响的关键参数/因素/条件的试验机会和覆盖率
	根据系统案例，评估试验鉴定相关因素（包括资源、产品成熟度和工作人员），以支持用来确定系统/试验品的准备情况的作战试验准备程度审查
	根据系统案例，确认数据收集工具已准备就绪，确认操作人员和维护人员已经过培训，确认试验系统已按照执行试验事件/活动和收集所需数据的要求进行配置

续表

专题	内容及目标
17	将作战效能、适用性和人机一体化要素的适当鉴定标准应用于试验鉴定的规划和执行
	ELO 17.5 课程：根据系统案例，及时安排采办所有必要资源（设施；经过培训的操作人员、维护人员和试验操作人员；正确配置的系统和仪器）并将其部署到试验现场，以供试验前演习、通信和仪器检查
	根据系统案例，控制试验进度，在试验计划范围内完成所有需要的活动，同时优化数据收集，以支持计划内的分析和试验鉴定目标
	根据系统案例，编制试验/分析/评估报告，以获取试验背景、方法、局限、结果、评估以及支持决策制定的建议
	开发试验鉴定技术和项目概览 研制用于技术和项目审查的试验鉴定，以支持国防部决策
	描述作战效能、作战适用性和人机一体化所包含的领域/范围

（2）ACQ 202 中级系统采办（A）。中级系统采办（A）涵盖两门课程系列，A 部分提供了一个动态的、实时的学习环境，旨在通过系统采办原则、政策和流程的概览，培养在集成产品团队工工作所需的技能和知识。本课程全年提供远程学习，课程长度约为 35 小时，（入门级培训课程 ACQ 101 系统采办基础为该课程的先导课程）。

（3）ACQ 203 中级系统采办（B）。中级系统采办（B）提供了一个动态的、实时的学习环境，旨在通过系统采办原则、政策和流程的概览，培养在集成产品团队工作所需的技能和知识。本课程全年提供远程学习，B 部分课程长度约为 4.5 天（ACQ 202 中级系统采办 A 部分为该课程的先导课程）。

（4）SYS 202 中级系统计划、研发、和工程（第一部分）。该课程使人们了解国防部系统工程技术和技术管理流程是如何应用于采办生命周期内概念系统的。课程内容包括系统工程及其主要技术投入和产出的范围和作用、技术基线的时间安排、技术评审的作用、重要的设计考虑以及其他贯穿系统生命周期的相关领域。

本课程是工程（ENG）职业领域Ⅱ级认证培训要求的一部分。此外，需要了解系统工程如何应用于系统获取和维持的其他职业领域人员也将受益于本课程。该课程全年提供远程学习，课程长度约为 9 小时。

（5）CLE 003 技术审查。技术审查课程提供了一整套利用技术评审方法来评估设计成熟度、技术风险、开发状态和采办项目程序风险的系统性流程。该课程还提供了有效利用技术审查作为国防采办生命周期一部分的基本实用指导方针，并提供了详细的、可修改的个人技术审查清单。本课程全年持续学习，课程长度约为 3 小时。

（6）CLE 029 联合试验环境。该课程主要目标是为使国防部试验鉴定人员和其他采办专业人员熟悉联合试验环境相关的基本原则和实践。该课程主要面向试验鉴定和项目管理职业领域的成员以及任何其他对学习在联合环境中试验感兴趣的人员。本课程可全年连续学习，课程时长约为 3 小时。

(7) CLE 030 一体化试验。该课程提供了国防采办生命周期中试验鉴定的项目信息和资源，以及一体化试验的概念。课程主题介绍了大多数采办项目使用的常见试验鉴定类型、试验鉴定主计划，以及一体化试验的目标和先进性。主要是针对Ⅱ级试验鉴定队伍成员。本课程可持续学习，全年开设，课程长度约为 2.5 小时。

(8) CLE 035 概率论和统计学概述。该课程目标是为学员提供概率与统计学的基本介绍和理解，这是试验鉴定职业领域的重要基础。本课程可全年持续学习，课程长度约为 4 小时。

(9) CLE 301 可靠性和可维修性。军事系统的可靠性和维修性是任务成功的不可分割的要素，也是衡量总拥有成本的主要决定因素。国防采办程序的一个重要目标是确保武器系统达到部队定义的可靠性、可用性和可维修性性能要求。该课程定义了可靠性、可用性和可维修性，探讨了可靠性和可维修性对系统的重要影响，并提供了可应用于采办程序的实用技术，以确保采购的武器系统可达到期望的可靠性和可维修性水平。本课程可全年持续学习，课程长度约为 4 小时。

(10) CLM 016 成本估算论。该课程侧重于基本的成本估算工具和技术学习。成本估算是采办流程的基本组成部分之一。成本估算及其支持预算是衡量项目进展与成功的重要基线。本课程可全年持续学习，课程长度约为 8 小时。

(11) CLR 101 联合能力集成与开发系统概述课程。内容包括基本概念、定义、流程、涉及的角色和责任，以及联合能力集成与开发系统与国防采办系统和规划计划预算和执行的交互作用。本课程可持续学习，全年开设，课程长度约为 3.5 小时。

3.1.2.4 认证标准

学员通过中级培训后，应掌握相关的政策文件和指南，能识别系统需求文件，建立试验鉴定目标，应用合适的工具进行研制试验鉴定、使用试验鉴定。能进行简单的试验设计，并进行初步的数据分析处理。中级培训核心考核标准见表 3.6。

表 3.6 中级培训核心认证标准

类别	课程
采办培训	ACQ 202 中级系统采办 A 部分 ACQ 203 中级系统采办 B 部分
职能培训	CLE 003 技术审查 CLE 030 一体化试验 CLE 035 概率论与统计 CLE 301 可靠性和维修性 CLR 101 联合能力集成与开发系统介绍 TST 204 中级试验鉴定

续表

教　育	学士学位及以上（不限学科） 完成共 24 个学期学时或同等经历的技术或科学专业课程，如数学（微积分、概率、统计）、物理科学（化学、生物、物理）、心理学、运筹学/系统分析、工程、计算机科学和信息技术
经　验	2 年试验鉴定工作经验

3.1.3 高级培训

高级培训是试验鉴定职业领域的三级认证所需要进行的课程培训。课程设计主要面向项目和各军种/机构/设施的试验鉴定领导人，试验鉴定经理和工程师，以及其他高级技术和管理人员，诸如计划、执行和管理试验鉴定任务的国防工业人员，采办领域高级专业人员也可通过该课程受益。高级培训是为高级国防部采办人员设计，主要对象是国防采办系统的政府 14/15 级雇员。

3.1.3.1 培训目标

高级试验鉴定课程主要围绕试验鉴定中的领导和管理问题开展。通过高级培训，学员所学知识和技能将有助于其成功参与主要试验鉴定项目的综合规划和发展活动，从而提升其国防领导能力和国防采办项目管理能力。

3.1.3.2 课程设置

该层次培训以课堂学习为主，主要课程内容包括高级试验鉴定、项目执行、计划、程序、预算和执行、产品支持业务案例分析、一体化产品团队管理和领导力、挣值管理概论等。高级培训核心课程如表 3.7 所列。

表 3.7 高级培训核心课程列表

序号	课程代号	课 程 名 称	课时	学 习 方 式	预 备 课 程
1	TST 303	高级试验鉴定	4.5 天	全日制的驻校学习	计划、项目制定、预算编制、执行和预算展示；一体化产品团队管理和领导力；中级试验鉴定
2	CLB 008	项目执行	3 小时	全年连续学习	无
3	CLB 009	计划、程序、预算和执行	3 小时	全年连续学习	无
4	CLL 015	产品支持业务案例分析	3 小时	全年连续学习	无
5	CLM 014	一体化产品团队管理和领导力	8 小时	全年连续学习	无
6	CLM 031	工作报告改进	4 小时	全年连续学习	无
7	CLV 016	挣值管理概论	4 小时	全年连续学习	无

3.1.3.3 主要内容

（1）TST 303 高级试验鉴定。高级试验鉴定课程涉及对国防部现行政策、战略、流程和实践的讨论，因为这些政策、战略、流程和实践将应用于规划和管理国防部系统的试验鉴定。本课程涵盖各种知识建设和交互式解决问题的技能，使用案例研究均来自实际系统获得的经验教训。该课程以课堂讨论和研究小组的形式展开，学员将扮演案例分析和解决方案分析的参与者直接投入到分析过程当中。本课程为全日制的驻校学习，课程长度约为 4.5 天，课程学习的先决条件是完成 CLB 009 计划、程序、预算和执行，CLM 014 一体化产品团队管理和领导力，TST 204 中级试验鉴定等课程。

高级试验鉴定课程的主要内容和目标包括：根据国防部的指导，评估采办过程中的最新立法、监管、政策和指导方针的变化对试验鉴定造成的相应影响；对比试验鉴定流程，从总体上评估系统性能、作战效能、作战适用性和军事价值；为在试验支持资源中减少成本驱动提出替代方案建议等，详细内容如表 3.8 所列。

表 3.8　高级试验鉴定课程学习内容目标

专题	内容及目标
1	**根据国防部的指导，评估采办过程中的最新立法、监管、政策和指导方针的变化对试验鉴定造成的相应影响**
	评估新出现的试验鉴定工作人员/人力资源管理的问题/解决方案
	评估新出现的试验鉴定过程事件的问题/解决方案
2	**根据国防部的指导，对比试验鉴定流程，从总体上评估系统性能、作战效能、作战适用性和军事价值**
	讨论试验鉴定所使用基线比较的利弊
	评估国防部长办公厅（OSD）和国会监督对试验鉴定项目的影响
	概述回应国会关于试验鉴定质询的程序
	讨论试验品配置管理的目的和重要性
	确定技术成熟度对试验鉴定过程的影响
	评估使用不同技术成熟度的关键技术的影响
	评估项目报告需求对试验鉴定策略的影响，包括国防采办执行概要（DAES）报告/DAES 原则的中的 T&E
	描述作战试验准备审查（OTRR）之前通常出现的弃权、偏差和其他问题，以及如何处理这些问题

续表

专题	内容及目标
2	说明为何系统在研制试验期间表现良好，但在初始作战试验鉴定（IOT&E）期间却发现无效和/或不适合的原因
	说明研制试验良好而初始作战试验鉴定（IOT&E）却表现不足的原因
	制定策略防止发生研制试验良好而初始作战试验鉴定表现不足的情况
	给作战试验准备审查的评审决策者准备并呈现系统成熟度支持信息
	确定试验鉴定的管理层与联合能力集成与开发系统（JCIDS）开发人员之间可能发生的互动
	具体说明与制订任务级鉴定标准有关的行动，并向联合能力集成与开发系统开发人员提供咨询意见
	确定评估系统效能所有要素的试验鉴定流程
	确定评估整体系统性能的试验鉴定流程
	确定评估系统军事价值的试验鉴定流程
	描述试验鉴定文件以及审核和批准 T&E 文件的程序
	制作影响需要飞行许可证的试验鉴定规划的问题汇编
	评估试验过程中受试品失效的影响/反应
	讨论各采办类型（ACAT）对应的法律和监管政策以及对试验鉴定的影响
	描述构成一个稳健的试验程序所需的要素
	讨论初始作战试验鉴定的准入标准，包括如何确定产品是否已准备好进行 IOT&E
	讨论作战试验准备程度的评审流程，包括部件采办执行官的作用
	讨论什么是代表性试验品的生产，及其对初始作战试验鉴定工作的影响
	描述应该如何捕获用来支持基线比较的数据
	讨论为确定系统在实现作战效能和适用性方面进展而进行的评估，以及其在工程与制造开发阶段（EMD）的军事用途
3	**根据国防部的指导，为在试验支持资源中减少成本驱动提出替代方案建议**
	确定威胁信息和目标的验证过程
	为给定试验项目的人力需求评估进行辩论
	为给定试验项目的成本估算进行辩论
	为给定试验项目的支持材料评估进行辩论
	描述规划、计划、预算与执行（PPBE）过程
	描述金融管理流程
	确定试验鉴定策略以及试验鉴定主计划中所需的不同类别的试验资源
	确定威胁信息的来源，以及如何将威胁信息纳入试验鉴定策略和资源需求中
	描述威胁模拟器系统的验证

续表

专题	内容及目标
4	**根据采办项目文件（TEMP 试验鉴定主计划），学生团队将制作建议征求书（RFP）大纲**
	对试验鉴定管理合同文件（规范、工作说明书和可交付的合同数据）涵盖各类活动做出解释
5	**根据采办项目文件、另一组学生制订的建议征求书大纲和审查指导，该组学生将对另一个小组进行同行评审**
	审查由同行小组制定的合同文件（规范、工作说明书和可交付合同数据），并对优势、劣势和需要澄清的领域进行评论
6	**根据国防部指导，评估建模仿真的效用，为试验鉴定策略提供相应的支持**
	考虑将建模仿真用于试验鉴定的好处和限制
	提出在系统开发期间，何时/如何将建模仿真用于试验鉴定
	评判使用实时试验数据验证和改进建模仿真模型的概念
	确定与真实/虚拟/构造性仿真联邦一起使用分布式试验来演示体系（SoS）/系统族（FoS）任务环境的利弊
7	**根据国防部指导，对比武器系统项目与信息技术项目的试验鉴定流程**
	详细说明信息技术开发项目试验鉴定的特点
	对比信息保证试验和互操作性试验的试验鉴定流程
	对比各种一体化架构视图对试验鉴定策略执行的影响
	评估体系/系统族网络中心战试验鉴定的关键方面
8	**根据国防部指导，评估管理和控制试验现场所需的活动**
	描述立法指导下的试验靶场收费政策变化和标准化带来的影响，以及试验和训练靶场收费政策和调度优先级之间的差异
	讨论包括预算认证要求和 10 年战略发展计划在内的试验资源管理中心（TRMC）的作用
	确认用来支持试验亏空的资金来源
	评估试验受频谱制约因素的影响
	提出可能支持试验鉴定策略的替代资源建议
	为用于支持试验鉴定策略而进行的新的试验鉴定能力改进提供逻辑依据
	记录试验场地管理和控制所需的活动
	评估试验现场活动是否符合国防部长办公厅（OSD）/军种指导
	评估新出现的试验鉴定基础设施/设备的问题/解决方案
	讨论与支持近期和未来关键需求的试验基础设施有关的试验鉴定问题，如范围扩展、频谱分配限制、可持续性靶场方案，以及定向能和高超声速试验的未来挑战
	讨论满足试验鉴定要求所需的试验靶场性能，包括仪器仪表、作战区域、安全要求、环境影响声明（EIS）以及靶场调度和控制要求

续表

专题	内容及目标
9	**根据国防部指导和技术开发中概念武器系统的方案变更，修改现有的试验鉴定主计划**
	审查试验鉴定主计划基础
	审查项目经理有关缩减经费和进度的指导
	评估项目经理关于缩减经费和进度的指导对试验鉴定项目的影响
	在项目经理有关缩减经费和进度的指导下，评估试验鉴定的新风险
	相应地修改试验鉴定主计划，以满足项目经理的新计划和预算指导
	提供时间表调整的基本原理
	提供承包商试验范围调整的基本原理，并与政府研制试验范围调整进行对比
	提供试验方法调整的基本原理
	提供样品尺寸调整的基本原理
	考虑系统开发和系统研制试验的并行性
	考虑研制试验与作战试验结合/一体化/并行
	提供为研制试验变更能力开发文件（CDD）需求优先级的基本依据
	准备和提交试验鉴定主计划概念简介
10	**根据系统文件，提出一种可有效支持相关系统工程可靠性增长活动的试验鉴定可靠性增长策略建议**
	根据系统工程计划和国防部可靠性增长指南中的可靠性增长部分内容，制定相应的试验鉴定主计划可靠性增长部分的大纲
	评估与给定项目各种可靠性增长规划因素相关的风险
	评估与系统工程可靠性增长活动相结合的试验鉴定可靠性增长策略的潜力，以确保 T&E 可靠性增长项目的成功
	使用系统工程（SE）计划中的项目管理工具箱——可靠性增长规划工具和指南，构建可靠性增长曲线
11	**评估为支持快速采办而进行试验鉴定所面临的挑战**
	编制有关系统快速部署的试验鉴定问题、风险和缓解措施
	编制有关在系统内使用商用现货（COTS）和/或非研制项目（NDI）的试验鉴定问题、风险和缓解措施

续表

专题	内容及目标
12	**根据一个场景，制定并维护影响试验鉴定策略的一系列因素，为 T&E 风险管理委员会相应工作的实施创造概念**
	对试验鉴定成本风险和缓解措施进行估算
	对试验鉴定进度风险和缓解措施进行估算
	在制定试验鉴定策略时，讨论系统安全和环境、安全与职业健康（ESOH）要求的含义
13	**描述适用于武器系统和 IT 系统以及系统集成的试验鉴定过程、技术、概念、原则和实践的新发展**
	记录试验设备中的先进技术的试验鉴定应用，包括仪器仪表、数据收集和处理
	记录试验计划、执行和/或数据分析中新试验鉴定流程或效率的 T&E 应用
14	**根据国防部的指导，从国会/国防部长办公厅（OSD）/军种/靶场的角度确定试验鉴定的期望值**
	评估一个试验鉴定案例，以获取道德、负责任行为证据
	在其他项目利益相关者之间讨论试验鉴定的作用
	描述所期望的试验鉴定工作人员职业道德

（2）CLB 008 项目执行。该课程介绍项目执行描述了预算执行流程，包括法律问题和预算执行不当的潜在影响。在本模块的最后，学员将能够描述分摊流程（包括推迟和撤销的规则），描述基金执行流程和管理它的法律，确定义务和支出计划的目的和内容，并确定重新规划的规则。本课程为全年连续学习，课程时长约 3 小时。

（3）CLB 009 计划、程序、预算和执行。该课程的重点是阐述规划、计划、预算、执行（PPBE）的流程，包括每个阶段与系统获取流程的关系。在本课程的最后，学员将能够回顾项目每个阶段的主要目的，理解 PPBE 和国防采办系统之间的相互关系，了解几年国防计划的目的、内容和规模。本课程为全年连续学习，课程时长约 3 小时。

（4）CLL 015 产品支持业务案例分析。该课程提供了产品支持业务案例分析（Business Case Analysis，BCA）的国防部政策、指导和应用的概述。其主要关注点是产品支持 BCA 的结构、格式、流程和方法。此外，该课程讲述了产品支持 BCA 在国防部系统的应用，采用产品支持业务案例分析策略是目前基于性能的保障的武器系统项目的最佳选择，也是当前趋势。该课程主要为采办和后勤保障专业人员制定。本课程提供全年连续学习，课程时长约为 3 小时。

（5）CLM 014 一体化产品团队管理和领导力。该课程主要介绍了如何组织、管理和领导一体化产品团队的管理和领导概念。一体化产品团队为对接部队，并向部队用户交付特定目的产品而组建的。在整个采办过程中是负责跨职能、跨组织的沟通。本课程可全年持续学习，课程时长约为 8 小时。

（6）CLM 031 工作报告改进。该课程帮助专业人员改进目标报告、工作报告和绩效工作报告，这些工作报告是由所有采办职业领域开发和评估的，包括系统规划、研究、开发和工程、生产质量管理、项目管理以及试验鉴定。课程中陈述了工作报告的目的、准备、评估和经验教训，以便专业人员了解和懂得需求开发在采办流程中的关键作用。本课程可全年持续学习，课程时长约为 4 小时。

（7）CLV 016 挣值管理概论。该课程模块介绍了挣值管理（EVM）的基础知识，因为它与采办计划管理息息相关。学员将学习 5 个独立挣值变量和 3 个最常见的 EVM 度量。该课程模块学习结束时，学员将能够熟悉国会通过的 EVM 有关法律、管理和预算办公室对这些法律的执行以及当前国防部关于 EVM 要求的政策指导。此外，您还将学会如何结合工作范围、进度和资源来建立 EVM 性能度量基线。本课程为全年连续学习，学时约为 1 小时。

3.1.3.4　认证标准

高级培训所有课程的考试必须以 80% 的最低分通过。TST 303 高级试验鉴定等课程还需要采用案例研究介绍的方式进行考核。高级培训核心考核标准见表 3.9。

表 3.9　高级培训核心认证标准

采办培训	完成一级和二级的采办培训
职能培训	BFM 0020　项目执行 BFM 0050　计划、程序、预算和执行 CLE 002　自主系统试验鉴定介绍 CLE 035　概率统计入门 CLE 301　可靠性和可维护性 CLL 015　产品支持业务案例分析 CLT 014　一体化产品团队管理和领导力 CLM 031　改进的工作说明书 TST 102　试验鉴定基础 TST 204　中级试验鉴定（R） TST 303　高级试验鉴定（R）
教　育	工程、物理、化学、生物、数学、运筹学、工程管理或计算机科学等技术或科学领域的学士学位或研究生学位
经　验	4 年试验鉴定工作经验

3.1.4 关键领导岗位培训

2015财年国防部发布的3.0版“更优采办力”白皮书中倡议，通过建立更高的关键领导岗位标准（图3.2），对采办领域提出更高的专业资格要求，以提升整个采办队伍的专业素质。同时，提出应由试验鉴定领域牵头开展关键领导岗位资格评审活动。关键领导岗位有任期义务，需要国防采办团成员资格和Ⅲ级认证。关键领导岗位由O-5/O-6军事人员或GS-14/15（或更高级别）文职人员填补。首席研制试验官（Chief Developmental Tester，CDT）是被指定为试验鉴定的关键领导岗位。美军对国防重大采办项目和重要自动化信息系统设立首席研制试验官制，并要求获得试验鉴定职业领域认证。2015财年，国防部各部局共有119个重大项目，其中100个项目设有首席研制试验官，78个项目由具备试验鉴定关键领导岗位资格认证的人员担任。

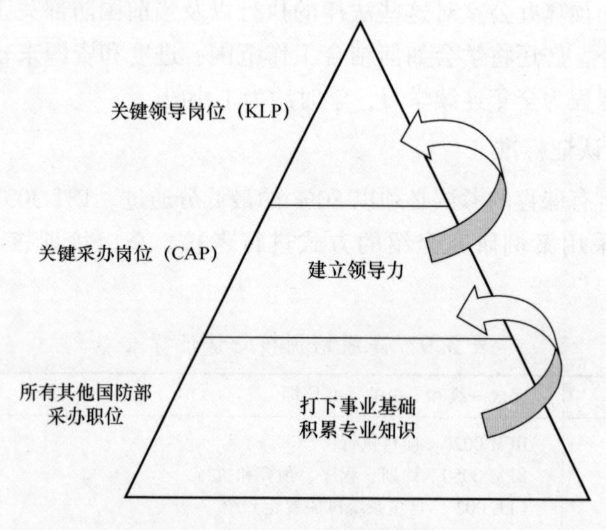

图3.2 采办人员的职业发展模型

试验鉴定关键领导岗位资格委员会计划每年举行一次，通常在每年的12月举行，其目的是让一群有能力的人员胜任关键领导岗位。

针对关键领导力岗位培训，联邦政府机构、国防部、国防采办大学、海军研究生院、哈佛商学院等单位都设置了一系列领导力开发课程，旨在提升高级采办人员的领导管理能力。

3.1.4.1 课程设置

国防采办大学设置的关键领导力岗位培训课程主要包括ACQ 404系统采

办管理课程、ACQ 405 高管进修课程、PMT 400 项目经理技能等，详见表3.10。

表3.10 关键领导岗位培训核心课程列表

序号	课程代号	课程名称	课时	学习方式	预备课程
1	ACQ 404	系统采办管理课程	4.5天	全年在校学习	项目经理课程
2	ACQ 405	高管进修课程	8.5天	全年在校学习	已取得高级认证
3	ACQ 450	在采办环境中保持领先	4天	全年在校学习	已取得高级认证，且高级认证下3年工作经验
4	ACQ 451	为决策者提供一体化采办	3.5天	全年在校学习	已取得高级认证，且高级认证下3年工作经验
5	PMT 400	项目经理技能	9.5天	全年在校学习	项目管理办公室课程B部分，项目经理高级认证
6	PMT 401	项目经理	10周	全年在校学习	项目管理办公室课程B部分，项目经理高级认证
7	PMT 402	项目执行经理	20天	全年在校学习	项目经理课程，项目经理高级认证

3.1.4.2 主要内容

（1）ACQ 404 系统采办管理课程。本课程提供了对国防采办系统的高级理解，以及一个用于对关键流程、当前问题和倡议、最佳实践和吸取的教训进行坦诚讨论的环境，是适合高级决策者的课程。杰出嘉宾访谈为高管参与者提供了一个讨论政府和国防工业高管、国会和政府问责局动机、制约因素和许多不同观点的论坛。接受本项培训人员范围：政府（国防部和非国防部）的一般官员、将官、高级行政服务人员，以及关键采办领导职位的高级国防产业高管等。

本课程全年提供在校学习，时长为4.5课时，建议选修课为PMT 401项目经理课程。

（2）ACQ 405 高管进修课程。高管进修课程面向来自所有职业领域的高级采办专业人员，提供最新新国防部采办政策、流程和经验教训。最终目标是让参与者综合课堂信息，并定义他们作为采办领导者的角色和责任。与会者通过使用国防部、国会、GAO和行业嘉宾访谈者关于采办更新的讨论来磨炼他们的专业知识。课程还包括由DAU导师提供的具体职业领域更新，包括财务管理、系统工程、承包、物流、试验鉴定等领域。学员还将参与具体的小组讨论，讨论当代管理和领导力的课题，如与行业合作、风险管理、人力资本管理、挣得价值监督、时间管理和领导变革等。本课程是为所有职业领域（或已被选中成为）0-6、GS-15 的 DAWIA 第Ⅲ 级认证成员而准备的，或者是在国防部武器系统或信息系统采办部门工作的同行业人员。本课程并不适用于已受聘为 MDAP 或 MAIS 项目经理的人。

本课程全年提供在校学习，课时长约为 8.5 天。学习该课程的先决条件为：采办工作人员职业认证 DAWIA 第Ⅲ级。

（3）ACQ 450 在采办环境中保持领先。本课程提供了在学习环境中领导所需的能力和技能的概述。体验活动包括角色扮演、模拟、沟通和批判性思维练习；领导力挑战；完成仪器的 360°反馈，并给出相关的反馈行动计划。学员将学习如何在采办组织中运用领导策略。本课程适用于监督管理岗的文职人员（GS 13-15 级）或同等级别的军职人员（军事 O4-O6 级），已取得Ⅲ级认证（任何职业领域/路径）且在Ⅲ级认证资格的岗位上从事采办工作三年及以上。行业及相关参与者也有资格参加，可在有空余名额的基础上注册报名。

本课程全年提供在校学习，课时长约 4 天。该课程学习的先决条件为：采办工作人员职业认证为 DAWIA 第Ⅲ级，且至少有第Ⅲ级认证下 3 年工作经验。

（4）ACQ 451 为决策者提供一体化采办。这个课程通过以参与者为导向、以行动为基础的学习课程使国防部采办工作人员了解多学科采办视角、集成挑战和成功的集成采办决策所必需的影响策略。通过促进讨论、模拟、练习、案例研究和接触决策工具，参与者将制定战略，促进当前集成挑战的有效集成和协作。参与者将对采办环境和他们各自的角色和责任有更广泛的认识。本课程适用于主管职位的文职人员（GS 13-15）或同等职位，以及军职人员（军事 O4-O6）、拥有Ⅲ级认证（任何职业领域/路径），并在Ⅲ级认证职位项下拥有至少 3 年的采办经验。行业和联合参与者有资格参加，并鼓励在可用空间的基础上报名。

本课程全年提供在校学习，课时长约 3.5 天。该课程学习的先决条件为：采办工作人员职业认证为 DAWIA 第Ⅲ级，且至少有第Ⅲ级认证下 3 年工作经验。

（5）PMT 400 项目经理技能课程。本课程为 O-5/GS-14 级项目管理（PM）职业领域采办专业人员提供政策更新和最佳实践。学生在要求、采办、金融和技术管理方面将获得最新政策更新。通过对所学课程的审查和经验分享，学生们将制定一个在他们的组织中实施变革的计划。O-5/GS-14 和第Ⅲ级 PM 职业认证的国际和行业专业人士可在可用空间的基础上报名。

本课程全年提供在校学习，课时长约 9.5 天。该课程学习的先决条件为：

PMT 352B、项目管理办公室课程、B 部分、项目管理认证第Ⅲ级。

（6）PMT 401 项目经理课程。本课程旨在通过加强主要国防采办项目和项目支持组织潜在领导者的分析、批判性思维和决策技能，来改善国防部采办成果。通过运用成熟的“战时训练”原则，参与者对代表当下采办项目所面临的挑战和困境的采办案例进行分析研究，充分利用采购环境和经验知识，加深其对采购原则和实践的理解。资深演讲者、团队项目、媒体培训和领导力模拟将使课程更加完善和丰富。本课程要求董事会提名的 ACAT Ⅰ或Ⅱ项目经理、具备成为主要项目经理潜力的第Ⅲ级 PM 职业领域人员参与。此外，每个项目的 20%可以预留给除 PM 以外的其他职业领域的高潜力采办专业人员。

本课程全年提供在校学习，时长约 10 周（课堂教学）。该课程学习的先决条件为：PMT 352B 项目经理办公室课程 B 部分、项目管理认证 DAWIA 第Ⅲ级。至少满足等级：GS-14 或同级别（文职人员）；O-5 或即将被选举提拔到 O-5 级别的人员（军职）。

（7）PMT 402 项目执行经理课程。课程是针对特定任务，为期 4 周的课程将满足新当选的项目执行人员（PEO）、副 PEO、采办类型Ⅰ或Ⅱ项目经理和副经理的个人学习需求。在国防部办公厅高级官员和行业嘉宾或教师的带领下，专题课程将讨论项目治理、领导力、最佳实践，以及采办专业领域的最新政策和法规。班级成员的课前工作可以为他们量身定做个人学习计划。应接受本项培训的人员有：PEO、副 PEO、采办类型Ⅰ和Ⅱ级项目经理人员以及副项目经理人员。

本课程全年提供在校学习，时长约为 20 天，之前还有一次在线讲习班。该课程学习的先决条件为：PMT 401 项目经理课程、获得项目管理职业领域 DAWIA 第Ⅲ级认证；被选拔为项目执行人员或副项目执行人员；被选为采办类型Ⅰ或Ⅱ计划的 PM 或副 PM，最好是在工作开始的前 6 个月内；O-6 和 GS-15 级有价证券管理者。

3.1.4.3 资格标准

关键领导岗位资格需要通过试验鉴定关键领导岗位资格认定委员会认定。关键领导岗位资格委员会计划（KLP Q-BOARD）由原国防部采办、技术和后勤副部长办公室制定，并得到各部门的支持。2013 年 11 月 8 日，关于关键领导岗位和资格标准的国防部副部长长办公室备忘录中概述了这项计划的具体内容。试验鉴定关键领导岗位资格委员会计划每年举行一次，通常在每年的 12 月举行，其目的是选拔一批具备担任关键领导岗位所需技能的人员。参与关键领导岗位资格认定的候选人，应满足的条件如表 3.11 所列。

表 3.11　关键领导岗位候选人资格标准

培　训	完成国防系统管理学院行政计划管理课程 401 和 402 课程；在国防部、大学或行业完成领导能力课程培训；国防采办职业领域Ⅱ或Ⅲ级认证
教　育	科学或技术专业本科学历（必修）；相关高等学历（优先）及高级服务学校优先
经　验	候选人或在职人员为 GS-14/15，0-5/0-6 或高级；8 年实习经验或同等能力；2 年试验鉴定Ⅲ级经验；跨职能和扩大的任务/轮换；2 年职能导师（10 小时/年）
能　力	在试验鉴定能力和整个采办生命周期内试验鉴定支持方面具有卓越的知识，包括计划、准备、执行、分析、评估和报告等。 ● 执行领导者——注重根本、领导变革、领导人才、以结果为导向、商业智慧、建立联盟和拥有企业化广泛的视角； ● 项目执行者——试验准备、试验控制管理、数据管理、数据验证和验证、试验充分性的确定、试验结果验证、评估和结论、参与技术评审、包括试验鉴定主计划（TEMP）在内的关键试验鉴定文件； ● 技术经理——试验鉴定计划、协调试验鉴定活动和事件和测试基础设施、试验鉴定风险识别和管理、科学测试和分析技术； ● 业务经理——试验鉴定成本评估和管理
其他要求	一旦被选为关键领导岗位，将需要保持学习时间，每两年连续学习 80 小时，包括 30 小时必须与培训及评估相关、10 小时跨职能学习、10 小时领导力

3.2　作战试验鉴定局开展的培训

作战试验鉴定局持续为其所属人员提供半年一期的培训，并欢迎试验鉴定领域其他人员参加这些培训。作战试验鉴定局主要提供以下几种培训课程。

1. 作战试验鉴定局新进人员的培训——试验设计

作战试验鉴定局对新进成员就各个主题进行年度培训；从 2010 年开始，将试验设计加入培训主题中。培训提供了试验设计的概述，重点关注试验设计的各个计划阶段。培训强调在制定“试验鉴定主计划”和“试验大纲”时要阐述试验计划的各个方面，这对于保证设计方案的科学性非常重要。培训同时可以帮助办公室所属人员理解各种现有的试验设计方案，这使得他们在审查“试验鉴定主计划”和“试验大纲”时可用的方法和工具更加广泛。培训同时还提供了统计分析技术的概述，用以分析通过试验设计方案得到的数据，该部分概述强调了各种可用的分析技术以及它们在不同试验类型中的适用性。虽然培训课程不是一个全面总结，但它有助于作战试验鉴定人员认识对先进统计分析技术的需求和先进统计分析技术的益处。

2. 作战试验鉴定局新进人员的培训——调查问卷设计

调查问卷设计是作战试验鉴定局新进人员年度培训的一部分。调查问卷对怎样以及何时在作战试验中运用调查进行了概略描述。它解答了何时使用调查是合适的。调查设计适用于度量思想、工作量、可用性和类似概念，但是并不适用于度量物理要求、精确性或者态势感知。该课程探讨了用于书面调查的“5 项黄金法则”、讨论了恰当、有效的响应类型，并且概述了表格化调查的最佳实践。

3. 作战试验鉴定局新进人员的培训——可靠性增长

当研制某个系统时，应当有一个可靠性增长规划，以便随着研制时间的推移而不断提高系统的可靠性。这就要求试验要确定出系统的“故障模式”，并有计划地对系统进行完善，消除这些“故障模式”。该培训介绍了为什么要关注可靠性增长、可靠性增长规划曲线等问题，并介绍了来自最近对可靠性增长做出不真实假定的项目的经验教训。

4. 作战试验鉴定局的作战应用案例

针对作战试验鉴定局的 4 种作战系统：空、陆、海、网络中心和空间系统，介绍了试验设计在作战试验规划和试验鉴定主计划中目前应用的几个简短例子。它们经常作为试验科学专题内部讨论的起点。该课程主要内容包括若干个关于试验设计的概述，其中包括在审查试验鉴定主计划时作战试验鉴定人员应评估的关键要素。每一个概述后都有一系列涵盖所有作战领域的案例，用以促进学习、讨论。

除了上面所述培训机会外，作战试验鉴定局还与军兵种作战试验机构合作，提供了一个关于多个专题的现场培训，范围涵盖了从实验设计到包括结尾数据分析在内的高级统计方法。

3.3　国防信息系统局开展的培训

国防信息系统局（Defense Information Systems Agency，DISA）是美国国防部下属机构，负责全球网络中心信息和通信解决方案的规划、工程、开发、采购、试验、部署和保障，以满足总统、副总统、国防部长和国防部各部局在所有和平和战争条件下的需要。国防信息系统局指导联合互操作能力试验司令部开展作战试验鉴定工作。国防信息系统局开设试验鉴定类的典型课程名称为《信息技术试验鉴定方法论基础课程》。

该课程填补了国防采办大学试验鉴定课程中关于信息技术领域试验鉴定的空

白，其目的是提升国防信息系统局所属试验鉴定人员的技术技能，并提供相应的证书。如果条件允许，其他机构从事试验鉴定工作的人员也可以参加此课程。关于该课程，国防信息系统局已与孟菲斯大学签订了合同，共同开发，旨在提高信息系统试验鉴定人员技能。课程内容主要包含以下内容：系统和需求测试、网络测试、敏捷试验鉴定、基于风险的测试、测试范围和技术、缺陷管理、安全测试、互操作性、自动化测试工具和认证考试。

第4章　美军军兵种试验鉴定人才培训

除了国防部开展的培训以外，美国陆军、海军、空军、太空军也开设大量的继续教育和学历教育的培训班次，以满足各类试验鉴定岗位人员能力提升需求。

4.1　陆军试验鉴定人才培训

美国陆军试验鉴定司令部为陆军未来司令部提供直接支持，并向陆军高级领导人提供相关及时的信息，以便通过严格的研制试验和独立的作战试验鉴定，为未来的多领域作战提供决策支持[①]。陆军试验鉴定司令部开办了试验鉴定基础课程培训（Test and Evaluation Basic Course，TEBC）。该课程培训由计算机辅助训练（CBT）和驻地研讨会（RS）两部分组成。两者都是陆军试验鉴定司令部初始培训计划的重要组成部分。其中，CBT由8个模块组成，涉及试验鉴定的各个方面，完成CBT大约需要40小时。CBT第七模块的题目是“概率和统计”，涉及试验设计的各个方面。RS是一个4.5天的课程，包括简报、特邀讲座（如负责陆军试验鉴定的副部长帮办、作战试验鉴定局局长、司令官、陆军试验鉴定司令部和陆军试验鉴定司令部技术顾问）和9次实践练习。

担任试验鉴定职位的人员必须在分配的前2个月内完成在线培训，并且必须在6个月内完成驻地研讨会。职位不属于陆军试验鉴定司令部系统团队的人员无需参加驻地研讨会课程。试验鉴定基础课程在线培训为所有新分配的人员提供强制性的深入指导。

4.2　海军试验鉴定人才培训

目前，海军部试验鉴定培训体系已相对成熟，形成了以海军海上系统司令部（NAVSEA）、海军航空系统司令部（NAVAIR）、航天与海战系统司令部（SPAWAR）、海军陆战队系统司令部（MCSC）、海军作战试验鉴定司令部（OPTEVFOR）、海军陆战队作战试验鉴定处（MCOTEA）以及美国海军研究生院

---

① https：//www. atec. army. mil/tebc. html。

等为中心的试验鉴定培训资源系统，为海军试验鉴定人才的培养提供了坚实基础。

4.2.1 海军海上系统司令部

海军海上系统司令部主要任务是按时、低成本地为美国海军设计、建造、试验、交付和维护舰艇、潜艇及其作战系统，以满足舰队当前和未来的作战需求。海军海上系统司令部是美国海军五个系统司令部中最大的一个司令部，其财政年度预算占美国海军全部预算的1/4，拥有约6万名文职、军职，以及合同制人员、工程师队伍，负责建造、购买和维护海军舰艇与潜艇及其作战系统。

海军海上系统司令部试验鉴定相关培训主要课程包括试验鉴定应用试验设计、试验设计概述、潜艇作战系统、系统工程、敏捷开发 Scrum 团队培训、敏捷领导力讲习班、敏捷开发 Scrum 训练营等。部分课程信息如下。

1. 试验鉴定应用试验设计

课程描述：该课程旨在为培训对象提供完整的关于系统和产品开发中试验鉴定应用的端到端指导，充分介绍了统计原理和假设试验，具体包括试验设计和试验数据分析等。

培训对象：该课程针对需要在试验鉴定环境下工作的项目人员，包括试验工程师、设计工程师、系统工程师、项目工程师、技术团队领导、系统支持领导、技术和管理人员等。

其他信息：本课程为课堂教学，为期3天。

2. 试验设计概述

课程描述：该课程展示了一种强有力的试验鉴定方法：试验设计（DOE），并就试验次数、试验条件、执行顺序和合理结论这4个试验设计的基本问题做出了解答。本课程通过试验案例向培训对象展示了试验设计如何在增长知识的同时还能够降低30%~80%的试验成本。

培训对象：工程师、设计工程师、管理人员和试验鉴定工作人员。

3. 潜艇作战系统

课程描述：该课程涵盖了当前以及未来潜艇作战系统的趋势，包括冷战时期的潜艇作战和趋势（包括关键事件和经验教训）、冷战后调整时期（1990—2000）的关键文件和事件。关键文件主要包括海军愿景声明“从大海向……前进”、国防科学委员会的系列研究、2010/2020 共同愿景等。该课程将涵盖先进的 SSN/SSGN 有效载荷和海军试验流程。

培训对象：工程师、科研人员、技术人员。

4. 系统工程

课程描述：本课程旨在向学生介绍系统工程的基本原理、流程和产品。它基于一体化产品小组的概念，利用结构化、纪律化、文档化的系统工程方法，提出开发和管理完整系统的系统方法。该方法使多学科团队合作和产品开发成为可能，包括可靠性、维修性、人为因素、安全性、制造和试验，满足运营商需求。

培训对象：工程师、科研人员、经理和技术人员。

其他信息：该课程为期 2 天（16 小时），由两位教员授课，他们都有超过 35 年的美国海军水面舰艇相关的设计、建造、一体化和试验经验。

5. 敏捷开发 Scrum 团队培训

课程描述：课程关注包括 Scrum 管理员、产品负责人、业务分析师、测试人员、开发人员和架构师在内的整个团队。基于团队的 Scrum 培训将帮助受训人员理解自己在 Scrum 团队结构中的作用，并提供相关知识。组织需要做到“敏捷”，而这不再是一种选择。他们必须能够根据客户、竞争和业务压力需求交付新的或改进的产品和系统。随着所处的环境发生变化，他们需要在坚持其目的的同时具备灵活性。一旦具备灵活性，他们要可预测且有效，同时还要有风险控制能力。本课程提供了对敏捷开发基本原理（概念、价值、原则和实践）的完整详细的实践和理解，并详细解释了 Scrum 方法。与传统的项目管理相比，Scrum 方法可以让团队以更小的风险更快地向客户交付价值。

培训对象：工程师和试验鉴定工作人员。

其他信息：本课程为课堂教学，为期 2 天。

6. 敏捷领导力讲习班

课程描述：课程通过已建立的领导模式找到受训对象的领导风格；鉴定普遍的领导模式；敏捷领导模式；培养分析和行为技能；定义敏捷领导者的行为和价值；为组织增加业务价值；组织的使命任务；欣赏多元化的组织文化。

培训对象：工程师和试验鉴定工作人员、经理及项目经理。

其他信息：本课程为课堂教学，为期 3 天。

7. 敏捷开发 Scrum 训练营

课程描述：浸入式的培训旨在让参与者熟悉敏捷开发的概念、方法和实用技术。从敏捷开发历史和战略规划基本原理，到任务写作、执行和交付，训练营将带领团队经历典型敏捷开发项目的复杂周期。

培训对象：工程师和试验鉴定人员、经理及项目经理。

其他信息：本课程为课堂教学，为期 2 天。

4.2.2 海军航空系统司令部

海军航空系统司令部的任务是为海军航空飞机、武器及系统提供全生命周期的支持，具体包括研究、设计、开发，系统工程，采办，试验鉴定，培训设施设备，维修与改造、后勤保障等。海军航空系统司令部关于试验鉴定相关培训主要依托海军航空系统司令部大学（NAVAIR University，NAVAIRU）开展。

海军航空系统司令部大学建立于 2013 年，为员工在海军航空领域取得成就提供实用知识、经验和工具。大学共包括 9 个学院——8 个能力培养学院和 1 个企业化培养学院。

海军航空系统司令部大学建立在国防采办大学和其他发展型项目所提供的认证项目的基础上，通过增加实操的机会，夯实学生的知识基础，为其职业生涯的成功做好准备。海军航空系统司令部大学也是获得持续学习学分的最佳资源。无论学生的专业背景如何，只要他们满足课程的先决条件，都被鼓励参加海军航空系统司令部大学的课程。这种交叉培训将使海军航空系统司令部的工作人员能够更好地驾驭衔接，提高完成质量和速度，并跟上最新发展技术的步伐。学校课程是针对海军航空特定工作量身定制的，而基本框架和教学流程主要基于认证的员工培训计划，如试验鉴定学院（前身为海军航空试验鉴定学校（NATEU））和企业化财务管理与审计学院。

海军航空系统相关的试验鉴定培训课程具体包含 4 个方向的课程：研制试验鉴定、作战试验鉴定、试验鉴定管理、试验鉴定建模与仿真，分别由研制试验鉴定系、作战试验鉴定系、试验鉴定管理系和试验建模与仿真系承担。上述课程的培训对象都是针对试验鉴定工作人员，课程的提供方呈现多样化，除了海军航空系统司令部大学试验鉴定学院外，还有佐治亚理工学院、欧道明大学、国防采办大学、海事技术与研究生院等均提供相关的课程。其中，研制试验鉴定方向课程项目较多，约计 140 余门课程，主要内容包括测试测量基础理论、典型航空装备基本原理、试验鉴定理论基础、典型航空装备试验鉴定等方面，如高级靶场遥测、高速成像、一体化试验小组（ITT）试验计划、电子战试验技术、试验鉴定概述、战斧巡航导弹试验鉴定介绍，以及自主无人系统高级理论、机载分离视频系统等课程。作战试验鉴定方向课程主要包括基于任务的试验鉴定、综合评估框架、作战试验主管培训 3 门课程。试验鉴定管理方向课程包括 STEM 训练营、作战试验基础概述、作战试验准备认证、如何编写有效的测试需求文档、高级试验鉴定规划和试验设计等 10 余门课程。试验鉴定建模与仿真方向课程主要包括高级领导建模和仿真课程、建模和仿真能力与资源、红帽（Red Hat）系统管理 I、系统架构与建模、用于试验鉴定/网络中心鉴定能力模块的作战场景开发等近 20 门课程。鉴于海军航空相关的试验鉴定培训课程数量较多，现将部分课程介绍如下。

1. 研制试验鉴定系（School of Developmental T&E）课程

1）CTE-AVM-104 高级靶场遥测（ARTM）

课程描述：本课程讨论靶场遥测发射机中可用的各种调制方案，包括使用频率调制的脉冲码调制（PCM/FM）、成形偏移正交相移键控（SOQPSK）和连续相位调制（CPM）。每种方案都以带宽效率来描述。此外，本课程还详细讨论了各种相移键控（PSK）调制方案、前向纠错及其利弊，并总结经验教训。

提供方：试验鉴定学院。

其他课程信息：课堂教学，1.25 小时。

培训对象：试验鉴定工作人员。

2）CTE-AVM-120 高速成像

课程描述：本课程内容主要包括高速成像，课程系统元素是涵盖了高速成像的短历史、彩色成像与过滤像素的使用，以及几个所使用的术语定义。

提供方：试验鉴定学院。

其他课程信息：课堂和 DVD 教学，1 小时。

培训对象：试验鉴定工作人员。

3）CTE-TP-300 一体化试验小组试验计划

课程描述：一体化试验小组（ITT）的成员将共同熟悉海军航空系统司令部的试验计划流程和飞行试验规程，并讨论其与一体化试验小组结构和操作概念的直接联系。学生将复习《NAVAIR 指导 3960.4》和《试验计划手册》，同时复习和讨论一体化试验小组章程中定义的特定关系、操作概念和其他特定于该项目的试验鉴定文件，为一体化试验小组成员与海军航空系统司令部首席试验工程师的交流提供了机会。核心课程材料包括课堂教学和 ITT 具体实施讨论。

培训对象：一体化试验小组。

其他课程信息：课堂教学，时长不定。

提供方：试验鉴定学院。

4）CTE-ITE-100 试验鉴定概述

课程描述：学生们将熟悉海军航空试验鉴定学校、美国海军、海军航空系统司令部和 AIR-5.0 的介绍，以及飞行试验工程师（FTE）在试验鉴定环境中接触到的相关学科领域。课题包括机库和航线安全、军事等级和标志、作战风险管理（ORM），以及试验和评估概念。学生对他们将要学习的教学结构会有更深的理解和欣赏。

提供方：试验鉴定学院。

其他课程信息：课堂教学，2 天。

培训对象：试验鉴定工作人员。

5）CTE-TOM-200 战斧巡航导弹试验鉴定

课程描述：学生们将学习和熟悉战斧巡航导弹，从战斧的试验历史和演变、计划、执行和评估流程等各个方面探讨战斧试验鉴定这一主题。学生将深入了解发射单元上的战术战斧武器控制系统（TTWCS）及其发射战斧巡航导弹的功能；战斧任务计划、验证、打击计划和执行流程；导弹配置，子系统及其功能，战斧飞行测试操作，集中于战斧试验鉴定团队的飞行测试计划、执行和鉴定。本课程结束时，学生们将有机会参观 AST-5B 试验室。

培训对象：试验鉴定工作人员。

学习项目：武器试验鉴定。

提供方：试验鉴定学院。

其他信息：课堂教学，5 天。

6）CTE-GIT-223 自主无人系统高级理论

课程描述：自主无人系统的先进概念课程将回顾自主系统的功能领域，并就成熟度和面临的挑战来介绍目前的可用技术。课题将包括机器人架构、与自主相关的世界建模、机器人和无人系统中对动作的感知、多车辆系统、自主数学理论和基于状态的规划。

培训对象：试验鉴定工作人员。

学习项目：飞行器试验鉴定。

提供方：佐治亚理工职业教育。

其他信息：课堂教学，2 天。

2. 作战试验鉴定系（School of Operational T&E）课程

CTE-COM-211 基于任务的试验鉴定。

课程描述：这是一个为期 2 天的系列课程和练习，使学生近距离了解海军作战试验鉴定司令部的 11 步试验计划流程。

培训对象：试验鉴定工作人员。

学习项目：作战试验鉴定。

提供方：海军作战试验鉴定司令部。

其他信息：课堂教学，2 天。

3. 试验鉴定管理系课程

1）CTE-OTF-200 作战试验基础概述

课程描述：作战试验基础课程旨在解释作战试验的要求、方法和最佳实践，以加强项目办公室和作战试验鉴定人员之间的互动。对作战试验的共同理解将使试验鉴定助理经理和首席试验工程师深入了解作战试验鉴定人员的作用，以及他们对一体化系统设计成功的贡献。

培训对象：试验鉴定工作人员。

学习项目：采办试验鉴定管理。

提供方：试验鉴定学院。

其他信息：课堂教学，2 天。

2）CTE-DAU-21 后勤试验鉴定

课程描述：后勤试验鉴定课程介绍了国防部理事会 5000. 01 和国防部指令 5000. 02，涉及系统工程、试验鉴定、采办后勤（包括可靠性、维修性和可用性）以及承包商操作和化验报告的采办流程。

培训对象：试验鉴定工作人员。

学习项目：试验执行管理

提供方：国防采办大学。

其他信息：课堂教学，2 天。

4. 试验鉴定建模与仿真课程

1）高级领导建模和仿真课程（CTE-MSE-200）

课程描述：本课程专为高级执行官、项目执行办公室人员和高级军职人员设计，旨在充分理解建模与仿真在采办生命周期各个方面所发挥的作用。课程强调要在生命周期的早期做好风险管理，以及如何在整个项目采办流程中利用建模与仿真，支持指挥官增强一体化作战的能力、交互性与集成性。

培训对象：高级管理人员、项目执行办公室人员和高级军职人员。

提供方：试验鉴定学院。

其他信息：课堂教学，4 天。

2）建模和仿真能力与资源（CTE-MSR-100）

课程描述：学生将学习和了解建模和仿真（M&S）的基本组成，以及如何在整个采办生命周期中使用建模和仿真来降低成本，并通过提供更好的风险管理信息来制定计划。本课程将讨论建模与仿真作为评估系统性能的工具在设计流程中的作用，以及对试验鉴定战略和项目执行的益处。此外，学生将接触到广泛的建模和仿真能力和资源，并理解建模和仿真，支持一体化作战能力、集成性与互操作性、体系性，以及基于能力的研制试验鉴定等知识。

培训对象：项目经理、试验鉴定助理项目经理、建模仿真专业团队、一体化项目小组领导和采办人员。

提供方：试验鉴定学院。

其他信息：课堂教学，2 天。

3）红帽（Red Hat）系统管理Ⅰ（CTE-RHT-210）

课程描述：本课程针对 Linux 初学者和需要核心“红帽企业版 Linux”技能

的人员，侧重于在工作场所中遇到的基本管理任务，包括操作系统、建立网络连接、管理物理存储和执行基本安全管理。在课程的早期，基于 GUI 的工具将以学生现有的技术知识为基础。随着课程的深入，将向学生介绍关键命令行概念，为计划持续学习“红帽系统管理”Ⅱ并成为全职 Linux 系统管理员的学生打下基础。主题包括 Linux 的图形安装、管理物理存储、使用命令行、安装和配置本地组件和服务、建立网络和保护网络服务、管理和保护文件、管理用户和组群、部署文件共享服务、使用基于 GUI 的工具和关键命令行概念、基本安全技能。

培训对象：试验鉴定工作人员。

提供方：红帽公司（Red Hat）。

其他信息：课堂教学，5 天。

4.2.3　航天与海战系统司令部

航天与海战系统司令部是美国海军三大采办司令部之一，是海军司令部信息系统局和 C4ISR（指挥、控制、通信、计算机、情报及监视与侦察）的技术指导，为海上、陆地和空中的海军作战人员提供贯穿研制、开发、采购、部署、维护和后勤支持全生命周期的软硬件技术服务。其他系统司令部专注于有形平台，而信息则是航天与海战系统司令部的平台，它将舰船、飞机和车辆从单个平台转变为一体化作战部队，传递并增强海军、海军陆战队、联合部队、联邦机构和国际盟友的信息优势和意识。

航天与海战系统司令部被赋予 8 种职能，分别是金融、承包、法律、后勤和舰队支援、工程（拥有支持试验鉴定与认证（TE&C）能力）、计划和项目管理、科学和技术以及公司运营。航天与海战系统司令部试验鉴定认证培训课程利用当地教室和在线电脑进行授课。试验鉴定相关培训课程包括敏捷软件试验、风险管理框架、人机综合试验、试验鉴定主计划开发和试验计划开发课程、系统运行验证试验、试验设计、可靠性增长 8 门课程。上述课程面向所有指定试验鉴定与认证人员以及承担试验鉴定与认证职能的相关工作人员。部分课程信息如下：

1. 敏捷软件试验

课程描述：本课程的目的是介绍敏捷软件试验概念和航天与海战系统司令部系统的实际应用。敏捷是一种思维方式和流程，必须贯穿于整个项目的采办和试验战略中，才能完全有效。研制人员和试验鉴定人员必须加强协作，在更短的工作周期，利用试验驱动的设计，包容变化，并且在他们的策略和计划增加更大的灵活性。

培训对象：所有指定的试验鉴定认证人员和其他执行试验鉴定认证人员职能的人员。

2. 人机综合试验

课程描述：本课程旨在讲解人机综合（HSI）试验流程，将人的因素和工效学整合到系统工程和采办项目的试验鉴定流程中。探讨涉及人员选择、培训、安全及其他人机综合技术领域的人为因素原则，包括设计和测试。了解如何将这些跨不同领域的活动集成到一起，降低成本并提高系统性能。了解如何使用人机综合程序来优化总体系统的性能，将总体成本最小化，并确保所构建和试验的系统能够适应用户群体的特点。

培训对象：所有指定的试验鉴定认证人员和其他执行试验鉴定认证人员职能的人员。

4.2.4　海军陆战队系统司令部

海军陆战队系统司令部，负责采办和维护用于完成作战任务的系统和设备。该司令部为美国海军陆战队提供了包括驾驶、射击和穿着等几乎所有装备。他们的工作重点是保护在危险道路上的海军陆战队员，并为之提供执行任务所必须的装备。海军陆战队系统司令部专业的文职海军陆战队和现役海军陆战队团队，为作战人员提供装备以赢得胜利。一体化试验课程是该司令部最主要的试验鉴定培训课程。

关于一体化试验课程信息如下。

课程描述：课程旨在培养学员应用最佳实践来进行一体化试验。在整个课程中，学员将学习跨 Triad 合作对海军陆战队的重要性，以及如何遵循综合协作的试验鉴定流程。此外，学员将能够描述一体化试验鉴定中涉及的流程、角色、职责、功能以及 Triad 指挥之间的关系，并解释试验鉴定的考量如何影响能力发展和材料发展。

培训对象：试验鉴定职业领域人员。

其他信息：课程为期 1 天，地点设在弗吉尼亚州匡提科基地。

4.2.5　海军作战试验鉴定司令部

美国海军作战试验鉴定司令部，作为美国海军的独立机构，主要为海军航空兵、水面舰艇、潜艇、远征舰艇、C^4I（指挥、控制、通信、计算机和情报）、密码逻辑和空间系统等的作战效能和适用性提供独立和客观的评估，以支持国防部和海军部采办和舰队引进决策。总部位于弗吉尼亚诺福克海军基地。海军作战试验鉴定司令部要求所有试验鉴定人员应至少完成试验鉴定职业领域国防采办大学第Ⅰ级课程。

海军作战试验鉴定司令部试验鉴定培训课程包括作战试验主任（OTD）课

程、综合评估框架（IEF）课程、试验计划课程、试验后迭代流程课程、调查课程等。

1. 作战试验主任课程

课程描述：课程主要介绍了国防部采办和海军作战试验基本情况，主要包括海军采办流程、作战效能和适用性、海军作战试验鉴定司令部框架文件及政策、TEMP、网络安全测试基础、作战试验鉴定建模与仿真、报告编写等。该课程专门面向由舰队转至海军作战试验鉴定司令部的新任作战试验主任，他们通常从未参与过采办或任何形式的试验鉴定。

培训对象：海军作战试验鉴定司令部、VX-1、VX-9、VMX-22 和 HMX-1 下的新任作战试验主任，项目管理人员，海军试验室人员，以及需要了解海军作战试验鉴定司令部的人员。

2. 综合评估框架课程

课程描述：本课程将带领学生了解海军作战试验鉴定司令部基于任务的试验设计（MBTD）的 12 个步骤，这是海军作战试验鉴定司令部试验的基础。该课程主要用于培训军作战试验鉴定司令部试验鉴定人员及提供服务的承包商。MBTD 现已成为海军作战试验鉴定司令部对一体化试验和作战试验进行详细规划的唯一认可方法。MBTD 的产品是集成评估框架文档，记录了 MBTD 工作的结果。

培训对象：海军作战试验鉴定司令部的作战试验主任、指挥官等，支援中队，海军作战试验鉴定司令部的承包商，需要了解 MBTD 流程的项目管理人员，试验鉴定工作一体化相关人员以及其他感兴趣的人员。

3. 试验计划课程

课程描述：旨在让学生熟悉海军作战试验鉴定司令部创建试验计划的流程，用于支持某一特定的作战试验阶段。这一流程细化了框架文档中的总体计划，并确保何人、何事、何时、何处以及怎么样这类关键问题得到回答；试验后迭代流程课程讨论了作战试验主任和作战部门在试验执行返回后创建鉴定报告的详细流程，以及数据评分、数据分析、关键作战问题的解决方案等。

培训对象：海军作战试验鉴定司令部的作战试验主任、指挥官等及其支援中队。

4. 调查课程

课程描述：讨论了试验计划中学员将如何正确构建调查问卷，并需要避免的陷阱。

培训对象：海军作战试验鉴定司令部的作战试验主任、指挥官等及其支援中队。

4.2.6　海军陆战队作战试验鉴定处

海军陆战队作战试验鉴定处的任务是在规定的现实条件和原则下，针对批准的作战人员能力/需求，独立计划、执行和鉴定材料解决方案的试验，以确定作战效能和适用性。海军陆战队作战试验鉴定处训练有素、专业的员工队伍是海军陆战队试验部队的代言人，能够做出知情的决策，确保试验报告准确、客观地描述被鉴定材料解决方案的已知和未知的作战效能和适用性。

除了国防采办大学课程外，海军陆战队作战试验鉴定处还提供相关试验鉴定培训课程：MCOTEA 101。

课程描述：该课程包括一系列模块，旨在让每个参与者对海军陆战队作战试验鉴定处流程有一个基本的了解。模块还包含了方案管理、作战效能和适用性评价模型、试验设计、可靠性可用性维修性规划与分析等分析方法。

MCOTEA 101 课程中包含的模块列表如下：

MCOTEA-TRNG-01062 海军陆战队作战试验鉴定处手册；

MCOTEA-TRNG-03063 系统鉴定计划；

MCOTEA-TRNG-03064 试验概念；

MCOTEA-TRNG-03065 试验计划；

MCOTEA-TRNG-03066 作战试验的执行；

MCOTEA-TRNG-03067 作战试验报告；

MCOTEA-TRNG-03068 系统鉴定和报告；

MCOTEA-TRNG-03070 网络安全一体化；

MCOTEA-TRNG-03073 实弹一体化；

MCOTEA-TRNG-03076 多业务作战试验鉴定；

MCOTEA-TRNG-03077 建模与仿真认证；

MCOTEA-TRNG-03081 采办目录设计。

培训对象：参与海军陆战队系统和采办计划的作战试验鉴定人员，以及其他参与试验鉴定的相关人员。

其他信息：课程为期 5 天，每年至少举办两次。

4.2.7　海军部试验鉴定办公室

海军部试验鉴定办公室隶属于负责研制试验鉴定（DASN）海军部助理部长和海军作战部长办公室 N84C 的海军副助理部长领导，担负为海军和海军陆战队提供世界一流的试验鉴定工具、政策、最佳实践，通过高质量培训形成作战能力，并提供强大的基础设施，确保海军和海军陆战队采办项目试验鉴定工作有效和高效。海军部副部长在为海军部执行试验鉴定（N84）采办项目提供支持时存在双层汇报关系。

海军部试验鉴定办公室主要提供试验鉴定培训课程如下。

1. 试验鉴定工作层一体化产品小组（WIPT）教程

课程描述：以计算机为基础的培训和演示，提供试验鉴定工作层一体化产品小组指导方针、经验教训、最佳实践和方法，以提高支持试验鉴定计划的成功率。

培训对象：所有与试验鉴定工作层一体化产品小组有关和支持人员。

其他课程信息：时长1小时和1个连续学分。

2. 高效的试验鉴定战略

课程描述：本课程是一门超越DAU的课程，旨在为重大采办国防项目/重大自动化信息系统的试验鉴定关键领导岗位（KLP）、首席研制试验官（CDT）、试验鉴定项目经理助理（APM）、试验鉴定项目领导和测试领导提供培训和发展机会。课程以试验鉴定主计划（TEMP）发展为重点，向工作人员讲述海军部关于试验鉴定的概念、原则和最佳实践的方法。

培训对象：试验鉴定关键领导岗位/首席研制试验官、试验鉴定项目经理助理、重大采办项目中的试验鉴定领导，如果课程开放，其他试验鉴定工作人员也可以参加。

其他课程信息：在主要海军系统司令部/计划执行办公室和附属作战/系统中心提供两天的课程，16连续学分。

先决条件：试验鉴定领域工作人员（建议）。

3. 海军部试验鉴定关键领导岗位认证委员会培训

课程描述：为有兴趣申请试验鉴定关键领导岗位认证的试验鉴定工作人员提供有关试验鉴定关键领导岗位资格委员会的以计算机为基础的培训。这一由海军部试验鉴定主办的讲座提供了试验鉴定关键领导岗位资格委员会认证“首席研制试验官”所需的背景、政策、资质和流程信息，旨在加强项目试验鉴定领导在执行采办类型Ⅰ和信息保障项目时的专业性和资格性。

培训对象：项目领导、试验鉴定鉴定关键领导岗位和那些渴望获得该职位认证的人。

4.2.8 美国海军研究生院

美国海军研究生院是美国海军多科性的技术深造学院，成立于1909年，位于加利福尼亚州。美国海军研究生院开设的试验鉴定课程涵盖武器系统试验和试验环境中常用的统计概念和方法，包括研制试验和作战试验。此外，美国海军研究生院还提供了海军高级管理人员发展计划（NEDP），主要包括为海军高级领导人量身定制的继续管理教育课程和研讨会，范围从 Flag/SES 到 O-6/GS-15 和高潜力 O5 人员，试验鉴定关键领导岗位专业资格认证可选择该计划课程。NEDP 的重点是扩大高级领导人的战略意识和执行技能，使他们能够在日益复杂的海军和联合环境中更有效地工作。具体包括海军高级领导人研讨会和战略交流讲习班课程。

1. CTE-NPS-211 高级试验鉴定规划和试验设计

课程描述：课程旨在讲解在军事试验和获取流程中使用的试验计划和试验设计方法、分析和评估等内容。本课程应用了从美国和世界各地的主要试验鉴定项目中学到的大量经验，介绍了试验、鉴定和试验设计与仿真的最新概念。本课程将从项目经理、承包商、试验项目办公室和工程师、试验分析师和统计学家等不同角度进行授课。主要采用为期 4 天课堂教学的授课方式。

培训对象：试验鉴定工作人员。

2. 海军高级领导人研讨会

课程描述：海军高级领导人研讨会（NSLS）为高级军官（O-6/O-5 级）和高级文职人员（GS-15 级）提供为期 9 天的强化高管教育课程，主要介绍战略规划、目标设定、战略沟通、基于效果的思考、风险管理、财务管理和创新等方面的最新“最佳实践”。该课程旨在为学员提供在复杂的组织中有效管理和领导所需的知识和技能。通过使用案例研究、小团队练习、实际应用、研讨会式讨论、同伴学习和教师演示来加强学习。

培训对象：上尉、高潜力指挥官、舰队/部队总指挥长和 GS-15 同等水平文职人员。参加者由军区提名产生。

3. 战略交流讲习班

课程描述：战略交流讲习班是一个实践性的、以结果为导向的课程，旨在帮助指挥部门制定和实施战略交流计划和流程。海军研究生院的教员利用最新的研究、从工业界和国防部得到的教训来引发学员的讨论。每个小组都有一名专业的辅导员，作为指导并提供反馈。各团队将被要求进行深入的涉众分析，评估沟通风险，并开发沟通指标来跟踪期望的效果。

培训对象：建议参加讲习班的人员由一名将官、SES 或 O-6 级领导率领的 3-5 名关键成员组成的团队。

4.3　空军试验鉴定人才培训

空军理工学院、空军试飞员学院、埃格林空军基地等单位都开设试验鉴定培训课程，为空军试验鉴定人员提供培训。

4.3.1 美国空军理工学院试验鉴定课程

美国空军理工学院（AFIT）主要进行继续教育和研究生教育。两方面都开设有试验鉴定方面的课程。

4.3.1.1 继续教育课程

有关试验与评估的继续教育课程由“科学试验与分析技术中心”和“系统和后勤学院”开设，其中“系统和后勤学院”负责试验鉴定相关的主要课程。

1）课程设置

继续教育培训的课程主要包括STAT 583概率论与统计学导论，OPER 679实证建模，OPER 688作战试验，LOGM 634可靠性、维修性和保障性，OPER 791运筹学的顶尖研究项目，OPER 689试验的高级统计方法，SOT 210试验设计与分析导论，SOT 310试验设计与分析Ⅰ，SOT 410试验设计与分析Ⅱ，WKS 410可靠性和可靠性增长，WKS 411可靠性和可靠性增长基本理论，详见表4.1。

表4.1 继续教育试验鉴定课程列表

序号	课程代号	课程名称	课时	学习方式	培训对象
1	STAT 583	概率论与统计学导论课程	4小时	远程学习	试验鉴定领导，试验鉴定工程师/分析师，试验鉴定经理
2	OPER 679	实证建模课程	3小时	远程学习	试验鉴定领导，试验鉴定工程师/分析师，试验鉴定经理
3	OPER 688	作战试验	3小时	远程学习	试验鉴定领导，试验鉴定工程师/分析师，试验鉴定经理
4	LOGM 634	可靠性、维修性和保障性	3小时	远程学习	试验鉴定领导，试验鉴定工程师/分析师，试验鉴定经理
5	OPER 791	运筹学研究实践项目	3小时	远程学习	试验鉴定领导，试验鉴定工程师/分析师，试验鉴定经理
6	OPER 689	试验的高级统计方法	3小时	远程学习	试验鉴定领导，试验鉴定工程师/分析师，试验鉴定经理
7	SOT 210	试验设计与分析导论	16小时	远程学习	经理和利益相关者
8	SOT 310	试验设计与分析Ⅰ	40小时	远程学习	试验鉴定领导，试验鉴定工程师/分析师，试验鉴定经理
9	SOT 410	试验设计与分析Ⅱ	40小时	远程学习	试验鉴定领导，试验鉴定工程师/分析师，试验鉴定经理

续表

序号	课程代号	课程名称	课时	学习方式	培训对象
10	WKS 410	可靠性和可靠性增长	16小时	远程学习	试验鉴定领导，试验鉴定工程师/分析师，试验鉴定经理
11	WKS 411	可靠性和可靠性增长基本理论	32小时	远程学习	试验鉴定领导，试验鉴定工程师/分析师，试验鉴定经理

2）主要内容

（1）STAT 583 概率论与统计学导论。

课程描述：讲述概率论与统计的基本概念与计算机科学的应用。主题包括排列和组合、随机变量、概率分布、估计和置信区间、假设试验。

（2）OPER 679 实证建模。

课程描述：分析来自工程系统的试验和观测数据，专注于利用观测数据建立经验模型用于表征、估计、推断和预测。

（3）OPER 688 作战试验。

课程描述：作为一门介绍为作战试验鉴定设计试验的应用课程，本课程面向执行试验或担任试验实施顾问的业务分析师。为有效地研究和理解被鉴定系统的基本流程，本文提供了一种试验设计和分析的统计方法，所获得的洞察力可以提高系统的性能和质量。

（4）LOGM 634 可靠性、维修性和保障性。

课程描述：创造和保持军事能力式军事领导和管理的目标。可靠性和维修性（R&M）作为组件特性，定义了产品在整个运行生命周期内执行其指定功能的能力。军事系统的部件研发是军事能力的主要决定因素。

（5）OPER 791 运筹学研究实践项目（或以下课程）。

课程描述：研究课题是从美国空军和国防部感兴趣的问题中所选择。本课题由学生进行调查，调查结果、建议和结论将在 AFIT 教员的监督下以研究生论文的形式提交。

（6）OPER 689 试验的高级统计方法。

课程描述：本课程提供时间序列建模、广义线性模型和高级试验设计内容。示例和项目主要用于解决试验鉴定企业化问题。

（7）SOT 210 试验设计与分析导论。

课程描述：本课程介绍了试验设计的基本概念，这是一个在整个生命周期中计划、设计、执行和分析试验的强大方法。通过大量的例子，本课程说明了探索战场空间的不同试验条件的挑战，同时还要控制做出错误决策部署的风险，并提供确定试验运行正确次数的一般方法，以确保试验结果有足够的统计能力和可信度。

（8）SOT 310 试验设计与分析Ⅰ。

课程描述：本课程提供了一系列基本技术和流程来创建统计上更为严格合理的试验，从而实现缩短研制周期、更深入的了解系统性能的目的，并有助于部署更好、更可靠的系统。学生将学习如何计划、设计、执行和分析有效的试验，以及一个将试验目标与影响效能/性能度量的因素联系起来的严谨方法。

（9）SOT 410 试验设计与分析Ⅱ。

课程描述：本课程旨在强化试验设计与分析Ⅰ课程的基础知识，包括试验设计方案评估、新的试验设计方法、先进的建模与分析方法。其中试验设计方案评估的主题包括功效、样本量、最佳性和混叠标准。

（10）WKS 410 可靠性和可靠性增长。

课程描述：本课程涵盖了在生命周期中改进可靠性项目的政策、指导和方法，重点是预先将可靠性设计应用到系统中的主动方法（可靠性设计）和被动可靠性增长建模。

（11）WKS 411 可靠性和可靠性增长基本理论。

课程描述：本课程涵盖了在生命周期中改进可靠性项目的政策、指导和方法。重点是预先将可靠性设计应用到系统中的主动方法（可靠性设计）和被动可靠性增长建模。

4.3.1.2 研究生教育课程

美国空军理工大学的研究生教育试验鉴定认证课程为学生提供了试验鉴定协会用来支持分析所需统计概念的基本理解。特别强调在制定每门课程的方法应用和要求时，从试验的（研制、作战等）各个领域将过去、现在和将来的试验鉴定实例纳入到课程中。在试验鉴定认证的必修课程中，强调当前试验鉴定重点课程，包括试验设计和可靠性、可维护性可用性分析等。试验鉴定认证课程对象包括那些在工程中心、试验场、试验中心、项目办公室或研究总部、研制试验或作战试验领域采办或分析职业的个人。

研究生证书持有者具备知识/技能/能力如下：

（1）识别和应用试验鉴定协会内支持统计分析所需基本概念的能力。

（2）根据空军和国防部的作战需求设计试验，并进行可靠性、可维护性和可用性分析的能力。

（3）提高解决问题的能力，具备批判性思维技能和试验规划技能。

1）课程设置

研究生教育培训的课程主要包括：EENG 550 自主技术导论、OPER 688 作战试验、PER 689 试验的高级统计方法、OPER 746 可靠性高级课题、OPER 791 运筹学研究实践项目、OPER 799 论文研究、SENG 650 小型无人机系统详细设计、SENG 651 小型无人机系统试验鉴定等，此外还包含应用统计学课程等，如表 4.2 所列。

表 4.2　研究生教育试验鉴定课程列表

序号	课程代号	课程名称	学习方式	培训对象
1	EENG 550	自主技术导论	在校或远程学习	试验鉴定认证学生
2	OPER 688	作战试验	在校或远程学习	试验鉴定认证学生
3	PER 689	试验的高级统计方法	在校或远程学习	试验鉴定认证学生
4	OPER 746	可靠性高级课题	在校或远程学习	试验鉴定认证学生
5	OPER 791	运筹学研究实践项目	在校或远程学习	试验鉴定认证学生
6	OPER 799	论文研究	在校或远程学习	试验鉴定认证学生
7	SENG 650	小型无人机系统详细设计	在校或远程学习	试验鉴定认证学生
8	SENG 651	小型无人机系统试验鉴定	在校或远程学习	试验鉴定认证学生

2）主要内容

（1）EENG 550 自主技术导论。本课程提供了自主及相关技术的广泛性概述，目的是让学生通过接触自主性的所有方面，提供一个通用框架，进一步理解空军和国防部各部门在开发、试验和部署自主系统时面临的挑战。课题主要包括自主的定义和框架、网络和自主性、自主系统的试验鉴定、自主道德考量、人工智能、无人机系统和人机团队。

（2）OPER 688 作战试验。本课程介绍了用于作战试验鉴定的实验设计。作为一门应用课程，适用于进行实验的作战分析人员或实验顾问。课程阐述的设计和分析实验统计方法为正在鉴定的潜在流程或系统提供了一种有效地研究和理解办法，其所获得的洞察力可以提高系统的性能和质量。学习本课程的学生必须了解基本的统计概念。

（3）PER 689 试验的高级统计方法。本课程以先决条件课程材料为基础，提供时间序列建模、广义线性模型和高级实验设计的高级内容，通过实例和项目对来自试验鉴定部门的问题进行了集中讨论。

（4）OPER 746 可靠性高级课题。本课程开发了应用于可靠性和可维护性领域的高级数学概念，课题涵盖经审查的可靠性数据分析、最佳预防性维护政策、保修分析、老化策略和其他当前热门课题。课程重点是开发分析和数据分析的实际应用，还将考虑可靠性在系统设计阶段和系统运行阶段的影响。仿真软件以及“求解器”软件将在课堂练习中使用。

（5）OPER 791 运筹学研究实践项目。本课程将从美国空军和国防部感兴趣的问题中选择一个研究课题。该课题将在教员的指导下由学生进行彻底调查，以研究生研究论文的形式呈现研究结果、建议和结论。本课程仅适用于参加试验鉴定认证课程或中级发展教育课程的学生。

（6）OPER 799 论文研究。本课程将从美国空军和国防部感兴趣的问题中选择一个研究课题。该课题将在一名教授的监督下，由学生进行彻底调查，其研究结果、建议和结论，最终以正式论文的形式呈现。课程将根据需要赴现场研究，并对研究成果进行必要的口头陈述和答辩。

（7）SENG 650 小型无人机系统详细设计。这是系统工程在“无人机系统”深入应用的三门专业课程中的第二门。在本课程中，学生将按照分配的功能和性能要求，将他们从无人机基础课程中学到的初步系统设计迭代并完善到详细设计中。课程的最终目的是对所选无人机系统设计进行批判性设计审查，包括对既定要求的全面跟踪。

（8）SENG 651 小型无人机系统试验鉴定。这是系统工程在“无人机载系统”（UAS）深入应用的三门专业课程中的第三门。课程中，学生必须通过适当的试验规划和执行措施来实施他们在小型无人机系统详细设计课程中所做的详细设计，并进行必要的设计修改，以满足系统要求。课程的最终目的是按照学生的设计进行作战飞行试验。

4.3.2 美国空军试飞员学校

美国空军试飞员学校是世界一流的飞行试验工程理论及应用的教育、培训和研究中心，具有飞行试验工程理学硕士，试飞员学校将研究生院的学术研究与试验鉴定的工程实践相结合，主要任务是培养飞行试验专业人员，从理论上掌握航空航天武器原理、飞行试验技术和飞行试验工程理论，熟悉飞行试验组织、风险管理、试验数据管理、飞行试验评估、飞行试验报告等流程，从而能够引领航空航天武器系统的试验鉴定工作。

飞行试验工程理学硕士学位每年开设两个班次，每班招收约 24 人，进行为期 48 周的强化训练课程，包含 387 小时的学术课程内容、135 小时的飞行训练、飞行员的 79 小时地面学习训练。培训内容按照试验的阶段进行划分，包含 4 个主要阶段：研制试验阶段、飞行试验阶段、系统试验阶段、试验管理阶段。具体课程设置如表 4.3 所列。

表 4.3　飞行试验工程研究生课程列表

课程阶段	主要课程名称	备　注
研制试验阶段	空气动力学简介	
	数据标准化	
	空气数据系统的校准	
	飞机的起跳与着陆	
	建模与仿真	
	推动力学	
飞行试验阶段	运动学方程	
	质量评估处理	
	飞行控制系统	
	飞行试验仿真器	
	边界状态试验	
系统试验阶段	人员因素	
	光电与红外系统	
	雷达系统	
	电子战系统	
	综合导航系统	
	武器交付试验	
	智能武器	
	航空电子系统集成	
	系统综合评估	
	数据链路系统	
	无人机系统	
试验管理阶段	试验管理课程	
	安全性试验培训	
	缺陷报告	
	全天候适应试验	
	试验指挥	
	科技写作	
	仪器仪表	

此外，还有一些专门的试验鉴定短期培训，如表 4.4 所列。

表4.4　短期培训课程列表

培训内容	时　间	备　注
高级主管短期课程	3天	
电子战飞行试验工程短程课程	4天	
航空航天装备试验课程	4周	
试验管理短期课程	4天	
推进动力学课程	4天	
飞行试验运动方程	3天	
无人机飞行试验课程	3周	最新课程

表4.4所列多种试验鉴定短期培训课程中，无人机飞行试验是最新上线的培训课程，为期3周，具体安排见表4.5。

表4.5　无人机飞行试验培训课程安排

第1周					
	第1天	第2天	第3天	第4天	第5天
上午	培训内容主题介绍； 无人机历史简介	无人机任务：系统、飞行包线 光电/红外传感器	安全分析报告	数据链路C2	数据链路（传感器上下链接
下午	无人机现状及能力； 课程概述	光电/红外传感器直通率	SAR法	光电/红外/雷达实验室	南基地； 全球鹰（GH）简介
第2周					
	第6天	第7天	第8天	第9天	第10天
上午	射频、信号、电子战； 定向能； 电子战：诱饵，自我保护	导航系统：惯性导航系统（INS）、GPS/DGPS； 集成传感器； 目标地理定位	任务规划； 航空航天/美国航空航天局/美国联邦航空局； 范围问题	航空/推进； 启动和恢复；	GH飞行前； GH飞行
下午	武器：地狱之火、毒刺		飞机防撞系统（TCAS）/全球空中交通管理（GATM）； GH项目简介	GH飞行准备； 美国国防部高等研究计划中心（DARPA）简介	GH简介； GH数据分析； 无人机飞行试验简报

续表

第3周					
	第11天	第12天	第13天	第14天	第15天
上午	高频计算机接口； 安全性规划	飞行简报； 飞行概要	串/并 WX 备份	项目时间	毕业简报
下午	无人机飞行试验准备	数据分析	捕食者之旅	项目时间	

4.3.3 埃格林空军基地

埃格林（Eglin）空军基地的第53联队和第96试验中队提供了9种不同的试验设计（DOE）培训课程，范围从短期的实施概述到为期一周的高级主题课程。所有试验鉴定机构的分析人员将从参加的3项1周长的培训课程中获益，这3项课程是DOE 1、DOE 2、DOE 3。这些课程对所有国防部人员（不管是军职还是文职人员）都是免费开放的。政府客户批准的相关承包商也可获得该课程。

4.4 太空军试验鉴定人才培训

2022年5月10日，美国太空军发布《太空试验体系愿景》（*Space Test Enterprise Vision*）。为了提高美国太空系统开发和交付能力，保持领先地位，该愿景提出美国太空军试验体系必须不断发展，最大限度地提高服务效率，建立在对抗环境中作战所需的组织、专业试验队伍和基础设施，以满足对抗及作战环境中的需求。同时，还为太空军能力集成制定专项计划，旨在提高在相关的作战时间表内快速交付的核心作战能力。美国太空军试验体系的目标是：快速推动基于数据决策，最大限度地提高太空军为联合部队和国家提供天基能力的灵活性和效率。太空军将在能力的整个生命周期和整个试验体系（组织、员工、基础设施、采办和作战）中，最大限度地整合开发和作战试验与评估活动。各级监管机构有权行使其权力，帮助发展和扩大美国太空军试验体系，以实现太空作战愿景。

《太空作战计划指南》于2020年11月11日发布，其中确立了两项关键的试验相关责任：太空系统司令部（SSC）负责太空军太空系统的研制试验、发射和在轨检查，以及与其他太空开发活动的集成，包括与多国合作伙伴的一体化能力开发；太空训练和战备司令部（STARCOM）将对系统进行作战试验鉴定，以交付准备在作战域取得成功的战备太空军。《太空试验体系决策概要》

进一步细化了与实施太空军的一体化试验理念相关的责任：太空训练和战备司令部是执行一体化试验的领导机构，并正在成为太空军的作战试验机构；太空训练和战备司令部将增加支持研制试验和作战试验工作所需的政府一体化试验人员，并领导以任务为中心的一体化试验部队（ITF）的建立和管理；一体化试验部队作为太空试验的基本试验执行要素，提供独立的作战适应性、作战效能和生存能力评估。由此可以看出，美国太空军太空训练与战备司令部将在发展一体化试验部队与靶场基础设施方面发挥关键作用。太空训练与战备司令部建于2021年8月23日，位于美国科罗拉多州彼得森太空部队基地，是美国太空军的第三个也是最后一个战地司令部。太空训练与战备司令部下设5个三角队，负责太空军教育和培训、作战演习、条令开发、试验鉴定、战备评估等工作。各部队和单位将陆续转隶到太空军，鉴于美军原来的太空力量主要集中在空军，所以太空训练与战备司令部人员尤其是航天领域试验鉴定人才大多由空军转隶而来。

太空域的争议性促使太空军要培养一支强大队伍，可熟练掌握生存能力试验、项目验证和战术发展等全生命周期的核心试验能力。目前，最大且最为紧迫的能力缺口是在系统/体系和生存能力试验方面的管理技能。专业的太空试验队伍须由操作太空系统所必需的跨职能专业知识人员组成，经过严格的试验和评估方法的训练，并具备探索系统性能的技能、工具和思维方式。专业的太空试验课程是培养具有专业知识深度的顶级试验鉴定人员的必要步骤。

2021年，太空军与美国空军试飞员学校联合开设了为期12周的航天试验基础培训班。目的是为相关人员培训航天试验鉴定领域的基础知识，壮大太空军的试验鉴定人员队伍，满足美国太空力量发展新要求。该班级培训对象是美国需要的航天试验专业人员——航天操作员、工程师、航天采办试验管理人员，为美国提供所需的在轨能力的第一步。该课程计划每班15名学生，每年举办三次，后续计划每年整体培训规模达到90名学生。该课程目前分成六个模块，分别包括：飞行器飞行试验概述，系统试验介绍，太空环境基本情况，美国航天研制、试验和作战设施现地教学，毕业设计以及最后的课程总结。在未来5年内，太空军将把这门课程发展成为一门为期一年、可授予学位的专业太空试验课程，并将对太空军所有职业领域的军官、士兵，以及作战、采办、工程、情报和网络人员开放。此外，美国太空军与美国国家试飞员学院（Nation Test Pilot School）合作，开展为期3周的航天试验培训班。未来，美国太空军还计划成立“太空试飞员学校”（Space Test Pilot School），负责航天试验人才培训。

未来，太空军将为所有试验鉴定人员提供广泛的基础试验培训。除了国防采办大学和数字大学提供的资源外，还必须发展独特的太空试验文化，在这种文化中，试验鉴定人员能够流利地使用数字试验语言，并了解实施稳健验证、实验、测试、试验和试验的复杂性以及认证过程，以提供一个基于模型/仿真环境，能够支持严格的评估。

此外，作为一项服务，须将专业的太空试验团队整合到太空试验体系人才管理框架中，并将太空试验从被视为“特殊经验”转变为具有宝贵专业知识的关键团队组成部分，必须对其进行针对性的培养。

第5章　美国地方单位试验鉴定人才培训

本章将重点介绍高等教育机构、试验鉴定专业协会、工业单位等开展的试验鉴定类培训课程。

5.1　佐治亚理工学院

佐治亚理工学院（Georgia Institute of Technology，缩写为 Gatech，简称 Georgia Tech 或 GT），是一所世界顶尖的公立研究性大学，始建于 1885 年。学校总部位于美国佐治亚州首府亚特兰大市，与埃默里大学及佐治亚州立大学同处于一个城市。除了位于亚特兰大市的主校区，该校在佐治亚州沙瓦纳和法国洛林大区的首府梅斯开设了分校。此外，佐治亚理工学院还在爱尔兰共和国的阿斯隆市（Athlone）及新加坡国立大学设有联合研究所。佐治亚理工学院在早 1995 年设立了试验鉴定研究与教育中心。该中心的主要任务是培训试验鉴定人员，研究开发试验鉴定问题及计算机辅助工具。该中心还办有《试验鉴定通讯》网络杂志，并且经常举办各种试验与评价方面的学术研讨会。

佐治亚理工学院开设了大量试验鉴定相关课程和一个试验鉴定认证计划。相关课程情况介绍如下。

1. DEF 2504P 情报、监视、侦察（ISR）概念、系统和试验鉴定导论

课程描述：学生将获得情报、监视、侦察技术、系统工程和试验鉴定等基础知识，探索与性能度量、试验计划、仪器仪表和传感器/系统功能相关的技术问题。检查以网络为中心的系统（和体系）的测试问题，并审查影响情报、监控、侦察系统性能的人为因素。

培训对象：工程师、技术人员和经理。

2. DEF 2703P 定向红外对抗：技术、建模和试验

课程描述：对于美国和其他国家的防御而言，红外制导导弹构成的威胁越来越重要，因此，急需面对威胁的对抗能力。课程回顾了 30 年来定向红外对抗和与威胁作战的历史，重点在支持技术和检查当前的定向红外对抗系统，探讨高功率损伤机制的特性及导弹预警、激光谐振器设计的未来趋势。

培训对象：工程师、技术人员和试验鉴定经理。

先修课程推荐：DEF 2701P 红外对抗。

3. DEF 3535P 机载电子战系统一体化

课程描述：为期 3 天的课程涵盖了各种一体化电子战系统（雷达告警接收器、干扰器、诱饵、导弹告警传感器以及其他航空电子系统），这也是电子战领域面临的最具挑战性的问题之一。课程首先概要介绍了日常生活中的计算机、传感器和网络，从简单易懂的概念过渡到机载一体化相关的方法和经验教训。课程还提供了电子战中不同学科之间的链接，并为从事电子战系统一体化的工程师提供了一个有用的模板。

培训对象：寻求电子战系统一体化相关知识的初级到中级航空电子或电子战工程师和项目经理，以及参与红外/射频干扰机、导弹预警系统、分配器系统、数据链和其他需要集成的航空电子系统的人员。

4. DEF 4527P 人机综合试验鉴定办法

课程描述：了解如何计划和执行一个完整的人机综合试验项目，具体包括早期的分析评估、形成性评估和正式试验/失效试验。课程还讲述了如何测试与主要人为因素需求文档的一致性，以及如何度量工作负载、情况感知和可用性，探索如何将人机综合试验与整个系统工程试验计划相结合。

培训对象：负责采办项目的国防部人员和负责人机综合系统或人因工程的国防承包商。

先修课程推荐：DEF 4504P 人机综合。

5. DEF 4603P 网络系统试验鉴定基础

课程描述：课程包括网络领域概述，以及如何在网络系统中进行试验鉴定。本课程从国防部和工业试验鉴定从业者的视角，对该领域有关的角色、职责、流程、程序和工具等内容进行了介绍。

培训对象：工程师、技术人员和参与试验鉴定工作的经理。

6. DEF 5001P 射频防御电子系统的试验鉴定

课程描述：课程回顾了与国防相关的射频电子系统（雷达、电子战、通信和射频监视系统）的试验要求，首先详细讨论与国防部和美国政府系统采办流程有关的试验鉴定内容，探索零部件、组件、子系统和平台（舰艇、空中、太空、地面）级别试验的试验室和现场试验方法。

培训对象：经理、工程师和操作射频电子系统的科学家。

7. DEF 5003P 试验设计 I：试验设计概述

课程描述：试验设计可分析不同输入水平与输出变化关系，并给出计算方程。学习规划研究技术，即在系统/流程的输入改变的情况下，观察输出情况；探索有效的规划和分析方法，以确定哪些输入对输出和输出可变性有统计上的显著影响，包括方差分析、全因子和部分因子试验、随机化、稳健设计和敏感性分析。

培训对象：工程师、技术人员和希望获得设计技术经验的经理。

先修课程推荐：概率论和统计学应用知识。

8. DEF 5004P 系统工程视角下的电子作战飞行试验

课程描述：学生将了解如何更好地执行机载电子作战系统的试验鉴定，探讨电子作战防御系统、电子作战试验流程、试验监控设备与试验设施、角色建模与分析等，并进行电子作战试验项目的案例学习。

培训对象：工程师、科学家和试验项目管理人员。

9. DEF 5006P 试验鉴定科学原理

课程描述：回顾采办生命周期和研制、作战、互操作性和实弹试验。课程涵盖建模和仿真的基础知识，包括模型构造、模型分类、仿真应用、建模和仿真资源的可用性以及验证、确认和认可；探索新应用程序的开发，从而简化产品研制、试验鉴定流程，包括设计试验和其他统计工具，以及它们对试验鉴定、建模和仿真和系统工程的影响。

培训对象：工程师、技术人员和建模与仿真领域经理。

10. DEF 5007P 试验设计Ⅱ：试验设计应用

课程描述：学习试验设计在试验鉴定中的应用研究与案例，从统计学家和国防部试验鉴定人员的角度了解试验设计的有效应用。课程从统计原则和假设试验的基本概述开始讲述，然后集中介绍了试验设计、试验数据分析以及试验计划中出现的困难。具体的难点将包括有限的实装试验、实装和虚拟试验数据结合、非常大的试验空间、不连续或非线性响应系统分析。

培训对象：工程师、技术人员和希望应用试验设计方法开展试验设计的经理。

11. DEF 5008P 飞行试验鉴定基础

课程描述：根据国防部指令，本课程为学员提供飞行试验计划、执行和报告所需的知识。课程通过案例研究法，结合具体实例，介绍了试验计划、制定试验目标、理解系统参数、试验程序、建模与分析、数据收集与缩减、试验后勤、试验实施与报告等内容。

培训对象：工程师、项目经理和负责开发和执行飞行试验活动的空勤人员。

此外，还有开发安全的嵌入式系统、武器系统的数字取证技术、以网络为中心的通信技术介绍、渗透试验介绍、恶意软件分析介绍、国防部风险管理框架等软件试验相关课程。

5.2　哈佛商学院

为提升试验鉴定关键领导岗位培训能力水平，哈佛商学院（HBS）也提供了一系列领导力开发课程。哈佛商学院是全球最有名的商学院之一，建于 1908 年，是美国培养企业人才的最著名的学府，被美国人称为是商人、主管、总经理的西点军校，美国许多大企业家和政治家都在这里学习过。国防采办大学与哈佛商学院合作开设了诸多领导力开发相关课程，如团队管理、团队领导力、谈判、决策、领导和激励、战略思考和战略执行等，为试验鉴定领域管理者的领导力培养奠定了坚实基础。现将部分课程介绍如下：

1. HBS 424 领导和激励

课程描述：这个模块给出了领导的基本任务概要，即设定方向、调整人员和激励他人。学员将学习如何识别有效领导者的技能和特点，创建一个鼓舞人心的愿景，并激励人们支持和朝着目标工作。

培训对象：所有国防部采办工作人员。

其他信息：该在线课程以连续学习的方式全年提供，时长约 2 课时。

2. HBS 437 战略思考

课程描述：在本模块中，将学习为负责塑造和执行组织战略的管理者提供的实用建议，包括分析高层行动计划的机会、挑战和潜在后果的技巧。它涉及广泛模式和趋势的识别、创造性思维、复杂信息的分析以及行动的优先级排序。

培训对象：所有国防部采办工作人员。

其他信息：该在线课程以连续学习的方式全年提供，时长约 2 课时。

3. HBS 440 团队领导力

课程描述：在本模块中，学员将学习如何建立一个正确的复合技能和个性的团队，并创建一种促进协作工作的文化。课程涵盖领导有效团队的步骤，包括创新且易于实施的自我评估工具。

培训对象：所有国防部采办工作人员。

其他信息：该在线课程以连续学习的方式全年提供，时长约 2 课时。

4. HBS 441 团队管理

课程描述：在本模块中，学员将了解经常使团队偏离轨道的常见问题，以及如何预防这些问题，如何使团队回到正轨。专注是有效团队合作的必要条件。学习如何诊断和克服常见问题，如沟通不畅和人际冲突，学会采取正确的措施来消除团队问题，提高团队绩效。

培训对象：所有国防部采办工作人员。

其他信息：该在线课程以连续学习的方式全年提供，时长约2课时。

5.3 国际试验鉴定协会

约40年来，国际试验鉴定协会（International Test and Evaluation Association, ITEA）作为非盈利教育组织，一直在为促进试验鉴定领域内的技术、规划和采办方面的信息交流而努力。国际试验鉴定协会的成员聚集在一起学习和分享来自行业、政府和学术界的知识，他们所参与的政策和技术方面的开发与应用，用于评估现有的、遗留的和未来基于技术的武器与非武器系统及产品在其生命周期中的有效性、可靠性、互操作性和安全性。国际试验鉴定协会组织开设的试验鉴定类培训课程包括安卓取证和安全培训、网络安全与信息保障、试验鉴定流程基本原理、科学试验与分析技术（作战试验设计）以及试验鉴定人员项目管理和系统工程应知培训。

1. 安卓取证和安全培训

课程描述：本课程将涵盖移动设备面临的最常见问题，以及确保移动应用程序安全的一般提示。在完成一般移动安全概述后，本课程将深入研究移动设备取证和 Android 设备的移动应用程序渗透测试的实践。在为期 2 天的课程中，学生将使用开源和商业取证工具进行动手实践，设置和探索逆向工程开发环境，并体验专业移动安全工程师成功应用于多个项目的流程。课程涵盖的领域包括识别应用程序漏洞、代码分析、内存和文件系统分析以及敏感数据的不安全存储。课程目标包括从 Android 设备中提取和分析数据、操作 Android 文件系统和目录结构、了解绕过密码的技巧、利用逻辑和物理数据提取技术、Android 应用程序逆向工程、分析获取的数据。

培训对象：试验鉴定领导、试验鉴定工程师/分析师、试验鉴定经理。

优先条件：有 Android 和 Eclipse 开发经验者优先。

2. 网络安全与信息保障

课程描述：这个为期 2 天的课程是为系统工程师、项目经理和信息安全保障经理设计的。课程定位为网络安全和信息保障的中级入门课程，并涵盖这些领域的各种主题，详细介绍了安全试验鉴定、认证和认可程序等高风险和劳动密集型的流程。信息安全保障风险管理涵盖了系统、C&A、程序保护和平台风险等内容，为全面理解信息安全保障风险提供了一种有用的聚合方法。课程最后详细介绍了安全网络的设计、构造原理和技术，这些原理和技术可立即应用于现有和新的网络和系统。课程全面更新了国防部关于网络安全处理的最新信息，包括最新实行的用于替代 DIACAP 的“风险管理框架”(RMF)。课程还涵盖了新流程、新旧流程之间的差异，以及加速风险管理和风险接受的方法。我们将使用一个详细的示例来说明如何实现、监视和测试这些方法，并且将把风险聚合看作是了解系统风险、集体（控制）故障模式和聚合系统认证的一种方法。

培训对象：试验鉴定领导、试验鉴定工程师/分析师、试验鉴定经理。

3. 试验鉴定流程基本原理

课程描述：为期 3 天的强化课程将描述作为系统工程关键部分的试验鉴定的重要原理。在过去的 40 年里，当今世界的试验鉴定已经从一个口号（“购买前试一试”）演变为一套被广泛接受的原则和综合实践。行业和政府的经验已经产生了能够使试验鉴定在开发计划中成为实现系统性能目标进展的可靠指标的流程。本课程将介绍从美国军事武器采办项目中产生并已被其他政府机构采用的程序和工具。讲师们不仅将重点关注这些经验在美国政府项目中的应用，而且还将讲述它们在商业项目和消费产品开发中的类似应用。过去参加课程的有来自工业界和政府部门的专业人士，包括国防部、能源部、国土安全部和运输部。本课程介绍了试验鉴定在系统开发中的作用，确定有效的测试需求，整合试验鉴定开发和操作，制定试验鉴定总体计划，覆盖政府合同中的试验鉴定需求，以及建模和仿真（M&S）在试验鉴定中的作用。

培训对象：试验鉴定领导、试验鉴定工程师/分析师、试验鉴定经理。

4. 科学试验与分析技术

课程描述：这个为期 5 天的课程将培养从业者应用组合测试和试验设计最佳工具和方法的能力，涵盖了试验设计的关键术语和试验的各种选项，阐明了将试验设计作为最有效和高效的试验方法的缘由。本课程将涵盖在试验设计前必须进行的活动。试验设计的 12 步法将提供一个充分考虑测试所有方面的框架。课程还将介绍试验数据的基本图形和统计分析，提出寻找变异转移因子的概念和需求以及筛选设计。本课程涵盖了试验鉴定领域的许多例子，并让学生练习试验设计和分析试验结果，提升从业者业务能力和基本理论水平，以便在各种情况下进行研制试验和作战试验时做出正确的决定。课程教科书包括《理解工业设计试验》和《六西格玛设计：从业者的工具指南》。

培训对象：试验鉴定领导、试验鉴定工程师/分析师、试验鉴定经理。

5. 试验鉴定人员项目管理和系统工程应知培训

课程描述：试验鉴定领域的实践者早已将试验鉴定视为独立的流程。任何事均不得远离真相，因为它们是进行有效和高效的规划管理与系统工程所需知识的基础。因此，试验鉴定人员必须理解、使用其语言，并恰当地与他们的主要客户、项目经理和系统工程师的需求与流程相结合。这3天的课程提供了关键规划管理流程的基本概述，如领导、计划、监控、控制、工作分解结构、日程安排、预算、合同和挣值管理；关键系统工程流程，如需求分析、功能分析、分区、设计、风险管理、交易研究，以及并行工程和专业工程。课程还包括一些正在开发的工程挑战领域的讨论，如软件工程和试验、人机工程、自主系统开发以及网络工程和测试。以上所有的课题领域将有助于确保试验鉴定人员成为开发团队中更好地知情者和更有效的成员。

培训对象：试验鉴定领导、试验鉴定工程师/分析师、试验鉴定经理。

5.4 国防系统信息分析中心

国防系统信息分析中心（Defense System Information Analysis Center，DSIAC）主要职能是利用来自其他政府机构、研究试验室、工业界和学术界的专业知识，帮助解决国防系统界最棘手的科学技术问题。DSIAC旨在维护主题专家（Subject Matter Experts，SME）网络，并访问国防部庞大的科学和技术信息库。DSIAC工作范围包括以下9个课题领域：先进材料、自治系统、定向能、能量学、军事遥感、非致命武器、可靠性和维修性、生存和脆弱性（实弹射击试验鉴定）以及武器系统。该中心提供的试验鉴定课程如下。

课程名称：联合飞机生存能力项目威胁武器的影响（实弹射击试验鉴定）。

课程描述：该培训是联合作战评估小组（由联合飞机生存能力计划办公室赞助）和情报采办组织之间的合作成果。培训从威胁开发、实弹射击试验和战斗经验中获取信息，以提供威胁杀伤力的完整图景。课程将提供威胁弹药/导弹、试验物品和损坏的飞机硬件等实操体验，并由经验丰富的专业人员提供当前有关威胁系统升级、扩散和其致命性的相关信息。

培训对象：航空操作人员、情报专业人员、武器工程人员、战斗损伤修复人员、试验鉴定人员、政府和行业高管、生存能力与中程导弹和电子武器工程师、研发专业人员以及对威胁武器、情报、中程导弹与电子武器和航空生存能力感兴趣的个人。

其他课程信息：本培训每年提供一次。

5.5 SANS技术研究所

SANS技术研究所提供了一些信息安全等领域试验鉴定相关课程，主要涉及信息安全、渗透试验和网络防御三大领域。部分课程信息如下。

5.5.1　信息安全

1. SEC301 信息安全介绍

课程描述：通过从现实世界的安全专家那里获得对信息安全至关重要的入门课题的见解和指导，快速开始您的安全知识。该课程为综合课程，授课时间为 5 天，内容涵盖从核心术语到计算机网络基础、安全策略、事件响应、密码甚至密码原理的所有介绍。

培训对象：初次接触信息安全，需要了解安全基础知识的人。

先决条件：无。

2. SEC401 安全必备训练营

课程描述：课程将学习最有效的步骤以防止攻击和检测对手与可操作的技术，当您返回工作时可以直接应用这些技术。学生们将从专家那里学习安全技术，战胜想要破坏环境的各种网络敌人。

培训对象：任何从事安全工作、对安全感兴趣或必须了解安全知识的人均应学习这门课程。

先决条件：SEC401 安全要素训练营涵盖了安全的所有核心领域，并提供对技术、网络和安全的基本理解。对该领域无任何背景知识的新人，建议先从 SEC301：《信息安全介绍》开始学习。但 SEC301 并非先决条件，它仅提供介绍性知识，将有助于最大限度地提升 SEC401 的领悟效果。

5.5.2　渗透试验

1. SEC504 黑客工具、技术、利用和事件处理

课程描述：课程将帮助您更详细地了解攻击者的策略和策略，让您掌握发现漏洞和入侵的经验，并为您提供全面的事件处理计划。本课程将帮助您扭转计算机攻击者的局面。它解决了最新的尖端阴险的黑客攻击和仍然普遍存在的“老掉牙”攻击，以及介于两者之间的所有攻击。除了简单地教授一些黑客攻击技巧，本课程还提供了一个经过时间考验的、分步的计算机事件反应流程，并详细描述了攻击者如何破坏系统，以便您可以准备、检测和响应它们。

培训对象：事件处理人员、事件处理团队领导、在前线保卫系统并响应攻击的系统管理员，以及在系统受到攻击时作为第一响应者的其他安全人员。

先决条件：对 Windows 命令行和 TCP/IP 等核心网络概念有基本理解。

2. EC573 渗透试验人员使用 Python 程序

课程描述：SEC573“渗透试验人员使用 Python 程序”将教会您不仅调整或

自定义工具所需的技能，甚至从零开始开发您自己的工具。该课程旨在满足您目前的技能水平，并吸引具有广泛的不同背景人士。无论您是完全没有编程经验，还是熟练的 Python 开发人员希望将您的编程技能应用到渗透测试中，本课程都能为您提供一些信息。

培训对象：希望学习如何开发 Python 应用程序的安全专业人员，希望从安全工具的消费者转变为安全工具的创建者和定制者的渗透测试人员，以及需要定制工具来测试基础设施并希望自己创建这些工具的技术人员。

先决条件：建议对任何编程或脚本语言有基本了解，但这并非本课程的强制要求。

3. SEC617 无线正义黑客、渗透试验和防御

课程描述：通过使用评估和分析技术，本课程将向您展示如何识别暴露无线技术的威胁，并在此知识的基础上实施可用于保护无线系统的防御技术。

培训对象：正义黑客和渗透测试人员、网络安全人员、网络和系统管理员、事件响应团队、信息安全政策决策者、技术审核员、信息安全顾问、无线系统工程师、嵌入式无线系统开发人员。

4. SEC642 高级 Web 应用渗透试验和正义黑客

课程描述：本课程旨在教授您当今测试 Web 应用程序所需的高级技巧和技术。这门高级渗透试验课程结合精讲、实际经验和动手练习，向您介绍用于测试企业应用程序安全性的技术。课程的最后一天是“夺旗”活动，将测试您在前 5 天所学的知识。

培训对象：网络渗透测试员、安全顾问、开发员、QA 测试员、系统管理员、IT 经理和系统架构师。

先决条件：本课程需要您对网络渗透技术和方法有扎实的理解；熟悉 HTTP 协议、HTML、Web 应用程序和脚本语言（如 Python）；熟悉并成功获得 GWAPT 认证或已完成 SEC542 课程将符合本课程报名条件。

5.5.3 网络防御

1. SEC502 周边纵深防护

课程描述：对于保护您的网络或周边安全并无单一的防护方法。若有人问：“如何保护您的周边网络环境?”人们经常回答：“用防火墙!”当然，今天这已经是无效回答了，我们周边环境已经较以前更加复杂。因此，本课程对广泛技术进行了综合分析，事实上，这可能是 SANS 目录中最多样化的课程，因为需要掌握多种安全技术来保护您的网络免受远程攻击。我们不能只关注单个操作系统或安全设备，一个适当的安全态势必须包含多个层面。本课程旨在为您提供每一层面必要的知识和工具，以确保您的网络安全。

培训对象：信息安全官员、入侵分析师、IT 经理、网络架构师、网络安全工程师、网络和系统管理员、安全经理、安全分析师、安全架构师、安全审计员。

2. SEC503 纵深入侵检测

课程描述：该课程提供所您需要的技术知识、洞察力和实际操作培训，以自信地保护您的网络。您将学习 TCP/IP 基础理论和最常用的应用程序协议，如 HTTP，以便智能检查网络流量和发现入侵迹象。您将获得大量的实践，学习配置和掌握不同的开源工具，如 tcpdump、Wireshark、Snort、Bro 等。

培训对象：入侵检测员（所有级别）、网络工程师/管理员、有实践经验的安全经理。

先决条件：学生必须至少掌握 TCP/IP 和十六进制的应用知识，熟悉和习惯 Linux 命令的使用，如 cd、sudo、pwd、ls、more、less 等。

5.6　SURVICE 工程集团

SURVICE 工程集团开设了名为“建立更具生存能力的防御系统：关于实弹试验鉴定和更有效的武器”的试验鉴定短期培训。

课程描述：实弹试验是自 1987 年以来大多数主要国防采办项目的法定要求。该培训涵盖 3 天的强化课程，由经验丰富的专业人员教授最新知识，内容包括关于立法、指令、要求、实弹试验准备和执行等内容的多角度分析。讨论内容包括实弹试验鉴定立法的历史、联合实弹项目、候选资格、实弹试验计划的准备以及在试验鉴定总体计划背景下的详细试验计划，还涵盖了建模和仿真在实弹试验鉴定中的作用，如试验前预测和试验评估；国会和国防部的报告要求、全面系统级测试中实弹试验鉴定豁免的作用（包括其目的、实施和历史先例），以及在实弹试验鉴定、被试品的真实性和实弹试验鉴定测试设施中的战斗损坏与修复的作用；讨论空中、陆地和海上系统的脆弱性和致命性，并提供一本 800 页的实弹经验参考书。

培训对象：该课程旨在提供有关实弹试验鉴定要求的信息，并指导参与国防采办的军事和文职人员、参与武器系统设计的项目经理和承包商。该课程也将有利于实施和监督试验鉴定与收购项目资金以及评估国防项目的脆弱性、致命性和生存能力；政府部门负责试验鉴定工作的执行者、经理和分析师；工程中心、研发试验室；工业界、学术界，以及试验设备管理人员。

第6章　美军装备试验鉴定人才培训资源

开展试验鉴定人才培养，离不开各类资源条件的支撑。美军装备试验鉴定人才培训，以国防采办大学为主阵地，各军兵种相互资源共享，经过长期建设，构建了一流的教学资源条件体系。同时，美国试验鉴定重要靶场和基础设施也在人才培训中发挥了重要作用，是试验鉴定人才实践训练基地，部分基地甚至还直接承担了一些班次的培训任务。为此，主要从师资队伍、教材、重点靶场、网络资源等方面介绍美军装备试验鉴定人才培训资源情况。

6.1　师资队伍

作为美国国防部培养采办人才的主阵地，美国国防采办大学在采办人才培养方面积累了丰高经验。下面以美国采办大学为典型对象，分析试验鉴定培训师资队伍情况。

6.1.1　队伍构成

《美国法典》第10编第1746节，授权国防部长在必要时，雇用尽可能多的文职人员作为教授、教员和讲师。国防采办大学目前拥有600多名教职员工，分布在5个地区校区、国防系统管理学院和合同管理学院，在所有职业阶段都接触国防采办团队的每一位成员。国防采办大学的教职人员都是采办专家，许多人曾在重要的军政部门和企业工作过，具有采办专业深厚的知识积淀、娴熟的专业素养和丰富的工作经验，可在教室、网络和工作实地向学生传授知识和实践经验，根据学生问题提出具有直接应用价值的方案与建议。教师随时关注采办政策及实践的最新变化，新政策出台便会在最短时间内安排快速适应性训练；通过定期与采办人员会晤，了解采办需求，随时对现有学习资源进行调整。从专业比重来看，采办和项目管理的师资力量最为雄厚，人数占全体教员的37%。

6.1.2　教师岗位要求

国防采办大学致力于打造一支具有多种背景的世界一流采办培训队伍，许多教师来自军队、工业界、政府及民用部门中相当重要的岗位。国防采办大学不仅要求其教师拥有成功的采办经历，而且还能够流畅地将所掌握的知识传授给学员，即具备较高的教学水平。此外，国防采办大学还要求一些岗位的教师在承担教学任务的同时，在需要时还能通过技术辅导支援等形式帮助有关部门解决实际采办中遇到的问题。为了确保教学质量，国防采办大学对教师规定了明确的岗位职责、学历和任职经历等要求。文职教员计划旨在为国防采办大学提供专业教员，这些教员拥有必要的知识、经验和能力，以培训和支持国防采办工作人员及其国防部领导人。它为国防采办大学的人力资本战略提供了一个框架，并且塑造了优秀的教师队伍。这包括聘任权限、职位分类、教师资格、薪酬、绩效提升(晋升)、业绩因素和留任。根据本计划任命的学院文职人员将担任主要职能的职位，包括以下一项或多项标准。

(1) 负责教学、指导、讲授或促进学习，可采用线上或线下，同步或异步等多种形式进行。设计、准备、管理和批改学生考试和作业，必要时提供额外指导。

(2) 设计或发展课程及教材、界定学习目标及成果、顶点活动及/或工具，以协助获取人员学习及达致业绩目标。

(3) 设计或开发学习支持系统，包括内部或外部表现学习者的项目和资源、教育项目管理的支持系统、对教育工作者表现或系统数据分析的支持以及知识管理。

(4) 为学生或客户组织以及其他国防部活动提供专家意见或咨询，包括采办职能、学术和学习科学或数据分析。

6.1.3　教师的任命

国防采办大学教师计划下的任命是例外情况下的定期任命。教师任期的目的是鼓励轮换，并不断地将从业者和行业精英吸收到国防采办大学教师队伍或课程中。

新聘的全职教师，不论年级或级别，通常会获得与人事管理处指定任期相符的任期。首个任期一般为3年有时限的任用，头2年为试用期。在首个任期的第二年后，获委任人员会获考虑在任期上限后续任一年，并会获系统通知有关决定。这个过程每年都会重复。如任何聘期未获延长，则该聘期将被理解为在规定期限届满后终止。

6.1.4　教师的能力

国防采办大学的教师除了职业系列所需的技术能力外，还需要具有以下核心能力。

（1）工作成就和创新。通过运用适当的知识、技能、能力和对工作的技术要求的了解，在所需的时间内，在适当程度的监督下，取得理想的成果。取得、示范和保持必要的适当资格，以承担和执行关键的采办和/或支持要求。在识别、分析和解决复杂问题方面表现出批判性思维能力。在领导、监督、指导和/或管理指定职责范围内的项目和项目时，承担并展示个人责任。这个因素是通过领导角色、责任、复杂性/难度、创造力、范围/影响力和指导员工发展来衡量的。

（2）团队合作和沟通。有效沟通，口头和书面形式，根据需要，协调工作和随时向指挥系统、同事和客户通报工作相关问题、发展和状况。积极寻求和促进不同的思想与投入。能够很好地与团队合作，并与其他人一起完成任务要求。这个因素是通过口头/书面沟通，对团队的贡献和效率来衡量的。

（3）任务支援。对组织目标和优先事项有业务理解，在开展工作时完全遵守行政政策、条例和程序。与客户建立互相了解的需求。根据需要对细节进行调查，并关注需求或请求的关键细节。监控和影响工作、任务和项目的成本参数，确保成本和价值之间的最佳平衡。确定反映任务和组织需要的优先事项。这个因素是通过独立程度、满足客户需求、计划/预算和执行/效率来衡量的。

6.2 教材与出版物

美国防部依托军地院校和军兵种试验基地开办了众多与试验科学技术相关的教育培训课程。学员可以通过国防采办大学等网站下载课程要求的教材、课件等资料。美国政府制作的材料是由美国政府官员或雇员，作为其公务的一部分准备的工作。根据《美国法典》第 17 篇第 105 节，这类材料不受版权保护，并应注明为美国政府制作。以下将重点介绍国防采办大学试验鉴定课程中使用的部分教材（图 6.1）。

图 6.1　部分教材封面

1.《国防采办管理》

《国防采办管理》由国防采办大学出版，2010 年出版了本书的第 10 版。教材旨在为新学员介绍国防系统采办管理。这一版本包括了 2008 年 12 月国防部指令 5000. 02、2009 年《武器系统采办改革法》和 2009 年 7 月《联合能力集成与发展系统手册》对国防系统采办监管框架的修订。本版还反映了至 2010 年每两年一次的规划、规划、预算和执行过程的变化。

《国防采办管理》侧重于国防部全部的管理政策和程序，而不是任何具体的国防系统的细节。该教材基于多源文档，对于希望深入挖掘这一复杂领域的学员，在最后一章之后提供了深度学习所需的网站地址列表。最新版本教材中将首字母缩略词降至最低（通常这些困难或很少使用的术语的首字母缩略词会在每一章首次出现时使用，在之后该术语每次都将被完整的拼写出来，以便于阅读）本书共有 8 章内容，分别为基本概念、采办环境、国防采办项目管理、国防部采办政策、国防采办管理关键人员和组织、联合作战需求决策、国防采办管理系统、资源分配流程。

2.《实验设计与分析》

《试验设计与分析》是一本介绍实验设计与分析的入门教材，由亚利桑那州立大学道格拉斯 · C. 蒙哥马利教授所著。该教材充分吸纳了作者在亚利桑那州立大学、华盛顿大学以及佐治亚理工学院接近 40 年的实验设计大学课程教学经验。该教材在统计学、实验设计等领域被广泛应用，截至 2012 年，已更新至第八版。

该书共 15 章，分别包含实验设计概念内涵、方差分析、拉丁方设计、析因设计、嵌套设计和裂区设计、回归模型等内容。本书可在工程学、物理和化学科学、统计学、数学以及其他科学领域的本科生的实验统计设计的中级统计学课程中使用，也可作为实验设计工业短期课程的基础教材，向具有广泛背景的从业技术专业人员教授相关知识。

3.《系统工程基础》

《系统工程基础》提供了与系统的开发和生命周期管理相关的工程管理学科的基本概念级别的描述。对于非工程师，它简要介绍了一个系统是如何开发的。对于工程师和项目经理，该教材提供了一个规划和评估系统开发的基本框架。书中的信息来自各种渠道，但很大一部分来自为国防采办大学提供的两个系统规划、研究、开发和工程课程而开发的演讲材料。

本书分为 4 个部分：导论、系统工程过程、系统分析与控制，以及计划、组织与管理。第一部分介绍了管理系统工程过程的基本概念，以及这些概念如何适应国防部采办过程；第二部分介绍了系统工程问题求解过程，并从基本的角度讨论了系统工程问题求解过程中使用的一些传统技术；第三部分讨论了为过程提供平衡的分析和控制工具；第四部分讨论了从规划到考虑更广泛的管理问题。

4.《国防采办项目管理》

《国防采办项目管理》为学生和从业人员编写，该书对广泛的学科和活动加以整合，使读者能够理解，以实现成功的采办成果。该书由海军研究生学校的学者和从业人员编写，提供了每个支持国防采办项目的功能领域的基本概述，以及它在这些项目中的应用。这些职能领域包括系统工程、财务管理、合同管理、测试和评估、生产管理以及后勤和支持。

《国防采办项目管理》还强调了一些重要的问题，如组织方面的考虑，国防工业基础，以及采办劳动力问题。学习目标在每一章的开头陈述，学习问题在每一章的结尾提出。该书的学习目标历经国防部的许多政策变化（这些变化常常与国防采办计划有关）而不过时，这使得这本书成为该领域的经典。该书也是对国防采办管理所涉及的无数职能和相关问题做出明确解答的书面指南。

5.《支持试验鉴定的建模与仿真》

试验鉴定是采办计划中的关键一环。在采办过程的早期研制阶段进行作战试验是最难完成的。计算机建模和仿真是实现早期作战试验要求的一种方式。在本书中，将展示建模和仿真技术如何支持试验鉴定工作。

该书主要内容包括解释类似的程序如何从建模和仿真中获益、解释当前的验证模型方法、讨论为什么要标准化验证方法、解释如何标准化验证方法。

除去开展各门课程培训所需的基本教材外，美国还有许多试验鉴定领域的出版物，包括学术期刊、专著、新闻报纸等。这些资源很多都可以方便地从网络获取，具体获取方式见附录 A 中 A2 出版物资源。

6.3 重点靶场

美军认为，武器装备试验必须建立在战场需求上，必须经得起战场的最终检验。美军的试验鉴定水平和能力处于世界领先地位，美国国防部更是通过制定一系列试验鉴定与重点靶场管理政策，加强美军的试验鉴定工作和重点靶场管理。美军靶场建设和发展一直处于世界领先地位，其靶场数量多、规模大，而且综合试验能力强，也是最早在各靶场间推行联合试验并取得成功的国家。在未来高技术作战的战争形态、作战样式、作战对象和作战环境等背景下，按实战要求进行逼真的武器试验是美军靶场发展的基本原则。

2002 年，美国国防部开始削减全国靶场的数量，优化整合试验资源和设施，降低试验消耗和减少靶场重复建设。2011 年，美国国防部试验资产管理中心制定了美国防部试验鉴定设施及靶场资产清单，美国国防部主要靶场分布如图 6.2 所示。

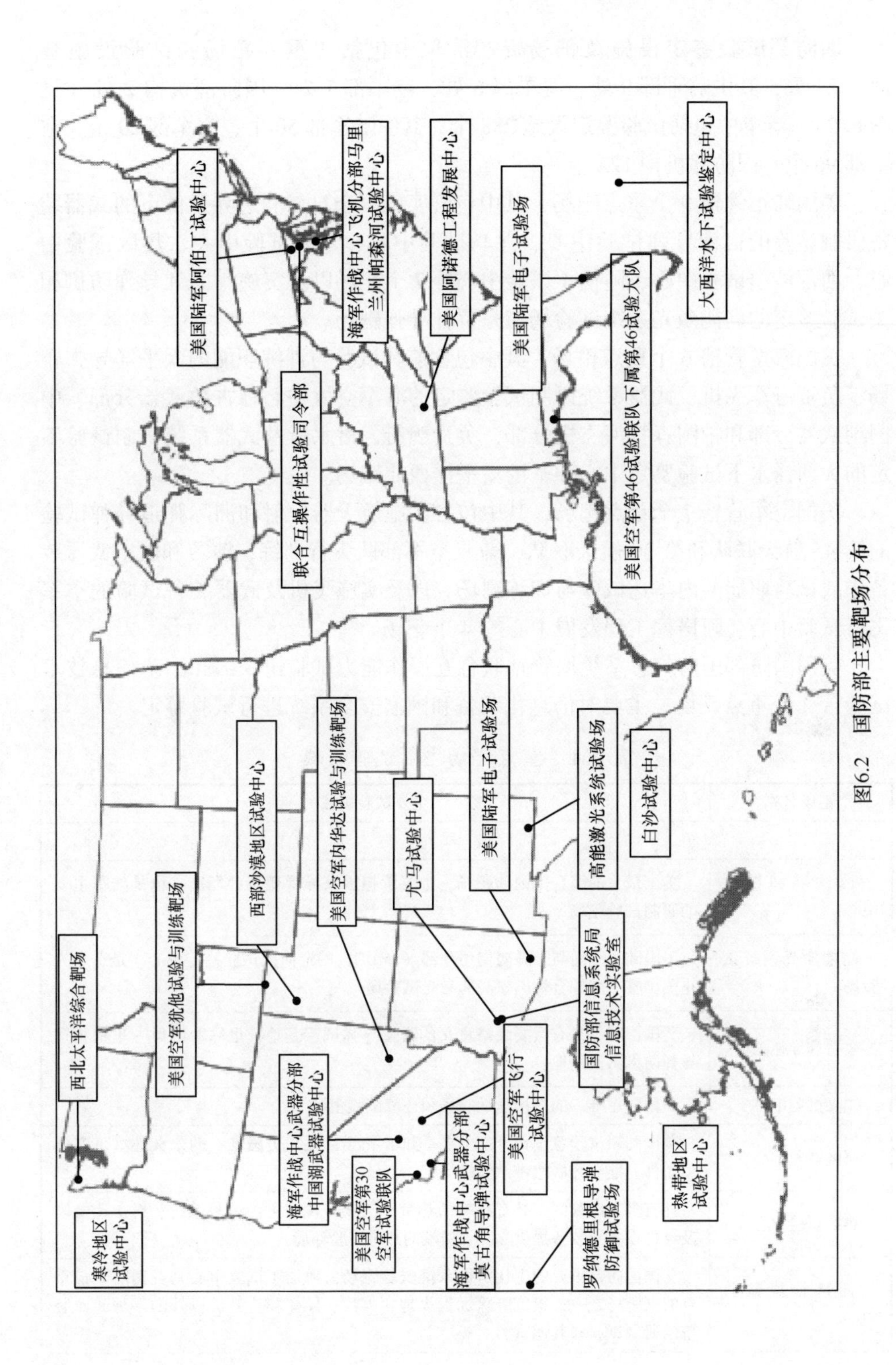

图6.2　国防部主要靶场分布

国防部试验鉴定设施及靶场资产清单中包括“重要靶场和试验设施基地”24处，其中陆军部9处、海军部6处、空军部7处、国防部机构2处（见图6.2）；清单中包括试验鉴定设施288个，其中陆军部50个、海军部20个、空军部96个、国防部机构122个。

美国陆军管辖9个重点靶场，其中包含实施复杂自然和边界条件下的武器装备研制试验的白沙导弹试验中心、尤马试验中心、寒区试验中心、热区试验中心、西部沙漠试验中心、阿伯丁试验中心等7个靶场以及实施空间和导弹防御相关试验鉴定的高能激光系统试验场与夸贾林导弹靶场。

美国海军管辖6个重点靶场，其中包含兼具试验与训练职能的太平洋导弹靶场，负责海军飞机及武器系统研制试验鉴定的海军空战中心穆古角武器分部、中国湖武器分部和帕图森特河飞机分部，负责舰艇、潜水艇及武器系统研制试验鉴定的大西洋水下试验鉴定中心和基港太平洋西北靶场。

美国空军管辖7个重点靶场，其中包含实施航天器发射和洲际弹道导弹试验的第45航天联队和第30航天联队，兼具空军部队飞行训练、演习和航空武器装备作战试验职能的内华达试验与训练靶场，以及实施飞机及武器装备试验的空军飞行试验中心、阿诺德工程发展中心等4个靶场。

美国国防部国防信息系统局管辖联合互操作能力试验司令部和国防信息技术试验台2个重点靶场，主要对信息化装备和国家安全系统进行试验鉴定。

表6.1 重点靶场主要试验领域

靶场名称	主要试验领域
陆军	
白沙导弹试验中心	美国最大的综合性内陆靶场，主要承担国家导弹靶场的职能，也是陆军主要的研制试验靶场
高能激光系统试验场	美国陆军空间与导弹防御司令部（SMDC）的定向能试验鉴定中心，是迄今为止美国唯一的综合性国家高能激光试验场
夸贾林导弹靶场	美国国防部具有重要战略意义的弹道导弹试验基地，也称罗纳得·里根弹道导弹防御试验基地
尤马试验中心	美国陆军唯一的多用途试验场和环境试验靶场
寒区试验中心	美国陆军试验鉴定司令部的冬季试验靶场，也是美国唯一的永久性并具有低温条件、能够开展寒带试验的场所
热区试验中心	拥有多个试验区，具有独特的热带小气候环境，可为单兵系统、射击武器以及定位设备及装备提供真实、极端的热带试验环境
西部沙漠试验中心	美国国防部重要的生化防御系统试验靶场；阿伯丁试验中心是美国陆军最重要的试验场之一，担负着除远程火炮、火箭、导弹和直升机以外的多种武器装备的研制试验和其他试验

续表

靶场名称	主要试验领域
电子靶场	承担对 C^4I 系统、信号情报、电子战装备的试验任务
阿伯丁试验中心	美国陆军兵器试验场，承担美国陆军枪械等轻武器、军用运输车辆、装甲车辆和主战坦克的试验鉴定任务，还担负着对外国陆军武器的性能数据进行测试的任务
海　军	
美国海军空战中心穆古角武器分部	美国海军与空战（除了反潜战）系统、导弹、导弹分系统、飞机武器集成等有关的武器系统和指定的机载电子战系统的研究、发展、试验鉴定和工程中心，也是武器试验和战术训练的理想场所
海军空战中心中国湖武器分部	美国海军空战武器和导弹武器系统的研究发展及试验鉴定中心
海军空战中心帕图森特河飞机分部	美国海军针对有人和无人飞机、发动机、航电系统、飞机支援系统及舰载/岸上/空中作战的研发、试验鉴定、工程和舰队支援机构
大西洋水下试验与鉴定中心	美国海军唯一的深水反潜战武器试验鉴定靶场
太平洋导弹靶场设施	世界上最大的多维试验与训练靶场，也是世界上唯一能够同时进行水面、水下、空中、空间跟踪和操作的靶场
基港太平洋西北靶场综合设施	主要为水下战系统、水下战武器系统、对抗及声纳系统提供试验鉴定，同时提供上述系统使用期间的工程支持、维护和维修保障、舰队支援以及工业基地保障等服务
空　军	
第 45 航天联队(东靶场)	美国国防部最主要的航天与导弹靶场之一，负责国防部在美国东海岸的航天发射和导弹试验
第 30 航天联队(西靶场)	主要负责国防部在美国西海岸的航天发射和导弹试验
阿诺德工程发展中心	目前世界上最大和最先进的飞行模拟试验设施
内华达试验与训练靶场	美国最先进的多用途综合试验与训练靶场之一，是美军同类试验与训练靶场中规模最大的靶场
空军飞行试验中心	美国空军负责飞机及武器系统飞行试验鉴定的部门
犹他试验与训练靶场	承担大安全弹着区的武器试验，也是美国目前允许进行高当量弹药处置的唯一设施，还是美国大陆超声速授权限制空域最大的陆地区域
第 46 试验联队	美国空军空投武器、导航和制导系统、指挥控制（C2）系统及空军特种作战指挥系统的试验鉴定中心

续表

靶场名称	主要试验领域
国防信息系统局	
联合互操作能力试验司令部（JITC）	对国防部信息化装备及国家安全系统进行试验鉴定的机构，主要任务是对美军、其他联邦业务局以及联军的武器系统进行互操作试验，为作战司令部、三军和各机构提供 C^4I 互操作能力支持、战场评估和技术支持
国防信息技术试验台（国家网电靶场）	对国防部信息化装备及国家安全系统进行试验鉴定的机构，主要任务是对美军、其他联邦业务局以及联军的武器系统进行试验，为作战司令部、三军和各机构提供 C^4I 互操作能力支持、战场评估和技术支持

6.4 网络资源

近年来，美军装备试验鉴定人才经常采用网络化培训的模式。为增强网络培训的实效，国防部建立了各种知识学习模型，借助这些模型，培训人员可通过网络向专家请教问题，全面提高能力。美军借助计算机信息网络等先进技术，为官兵创造更多的学习机会，提高试验鉴定专业人员的自主学习动力。美国国防采办大学针对采办类专业学习特点，构建了采办学习模型，如图 6.3 所示。该模型将采办人员学习过程分为基础学习、工作流程学习、业绩学习三部分。其中，基础学习主要是学员通过线上和线下课程学习，进行认证和继续学习，从而获取采办知识与技能；工作流程学习主要是学员通过在线的知识共享系统和一些工作支持

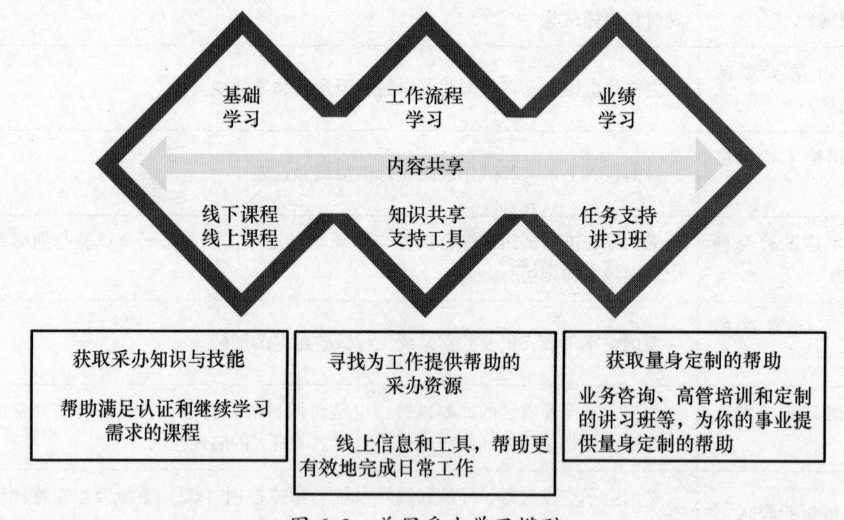

图 6.3　美军采办学习模型

工具，获取工作所需的资源；业绩学习主要是学员通过任务支持（业务咨询、高管培训、定制的讲习班），获取量身定制的帮助。为满足学员学习需求，美国开发了大量的网络化学习工具。

国防采办大学还建立了基于网络的学习管理系统，在网上公布“继续教育模型”（Continuous Learning Modules，CLM），如国防部5000系列模型、项目管理人员采办模型等计算机辅助教育教程，内容直观易懂，为受训人员提供了多样的学习形式。每年美军都有数十万人次完成“继续教育模型”的学习。

6.4.1 知识共享系统

美军建立起各种知识管理系统或知识共享系统，使装备试验鉴定人员能够方便的共享知识。例如，国防部建立了采办知识共享系统，实现了装备采办试验法律、法规、指令指南和手册的实时查询，建立了虚拟图书馆和专家库以提供在线咨询和服务。除国防部外，军种也都分别实施知识管理战略规划，出台了相关的知识管理政策和备忘录，提出了知识管理的目标，建立起各自的采办知识管理系统。在线图书馆旨在为国防采办队伍提供资源，灵活地支持作战人员的能力需求（图6.4）。为交流试验鉴定管理专业领域方面的信息，美国于1980年成立了国际试验鉴定协会，主要任务是为试验鉴定管理专业领域方面的人才提供思想和信息等方面的交流平台，资助出版各种与试验及鉴定相关的刊物。

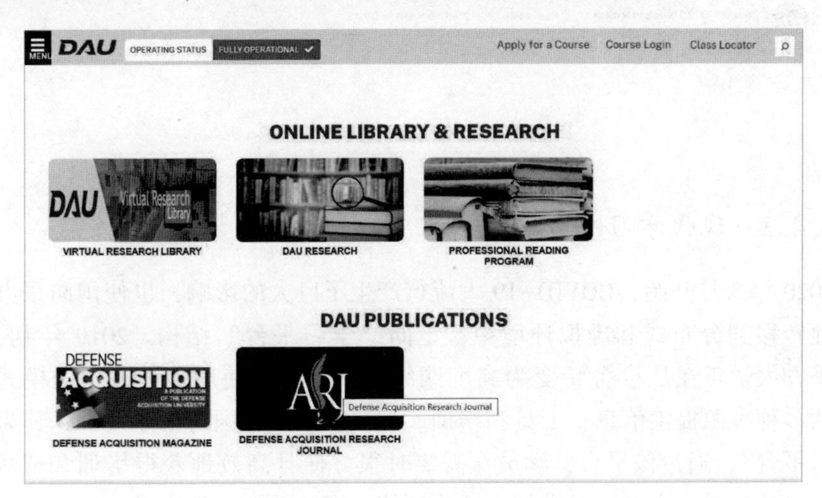

图6.4 在线图书馆登录网页

6.4.2 在线百科全书

《国防采办百科全书》是国防采办常用主题的在线百科全书（图6.5）。每个主题都是一篇文章。每篇文章都包含一个定义，一个提供背景的简短叙述，并包含了最相关的政策、指导、工具、实践和培训的链接，这些都进一步增强了理解并扩展了深度。采办百科全书是作为一个合作项目开发的，目的是围绕国防采办相关主题创建内容。百科全书以简洁易懂的格式为获取信息的人员提供了快速获取途径。文章内容聚合了最相关的参考资料和学习资产，聚焦用户，并快速提供高价值的信息。

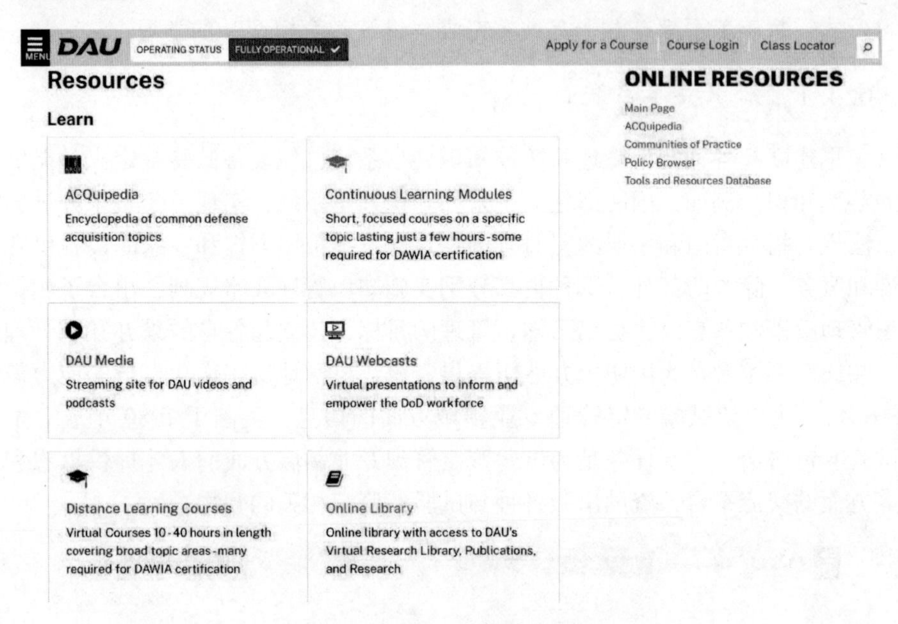

图 6.5 国防采办百科全书网页

6.4.3 现代学习平台

2020 年 3 月开始，COVID-19 大流行产生了巨大的影响，也使国防采办大学更快地转移到分布式和虚拟环境中，走向“学习平台”结构。2019 年初开始，国防采办大学正在从校舍转变为高度网络化的平台，使用多种不同的模式和方法，从多种来源提供信息、工具和培训。这一新的平台国防采办大学称其为“现代学习平台”，通过该平台，学员在需要时很方便且高效地获得培训和资源；该平台可以针对学员个人情况进行个性化训练；国防采办大学也通过这一平台将需要信息的人与有信息的人连接成为一个动态网络，国防采办大学是唯一连接所有 183000 多名国防采办人员的组织。国防采办大学将人员和基础设施从传统的课程设计和交付转变为虚拟讲师主导的培训。现在，国防采办大学可以利用减少的间接费用和与通勤、物理设施、教室和旅行相关的成本，以及虚拟环境在覆盖面、规模方面的巨大优势。国防采办大学还将更多地利用其规模，开设在线研讨会、在线社区和在线活动。到 2021 年底，国防采办大学转变为一个平台，将国防采办员工与所有他们需要的资源连接起来，并具有高质量、低接触的用户体验。

关于试验鉴定相关网络资源，附录 A 进行详细的收集和整理，具体包括网站资源（包括军兵种学习平台、知识共享系统等）、工具资源（包含试验鉴定管理的工具包、文档模板），以及建模与仿真资源（建模仿真学习资料、软件工具）、系统工程资源、软件资源等采办相关专业资源等。

第7章 美军装备试验鉴定人才培训特点与启示

美军历来高度重视试验鉴定队伍建设，将其作为重要的战略资源。为适应未来试验鉴定工作面临的挑战，美军采取了加强法规制度建设、强化职业资格认证、构建网络化的培训资源体系、引入地方优势资源、推动航天试验人才培训等一系列措施，提升试验鉴定人才培养质量。

7.1 美军装备试验鉴定人培训特点

7.1.1 加强制度建设，构建了较为完善的培训管理体制

美军建立了较为完善的教育培训管理体制，将试验鉴定作为美军国防采办15个专业领域之一，通常由采办人员培训管理机构与试验鉴定部门沟通协调、共同完成教育培训管理，并投入大量人力、物力和财力，以保证能够不断获得大批高素质装备试验鉴定人才。

(1) 建立了较为齐全的组织管理体系。美军高度重视试验鉴定人才的培训教育，建立了配套的培训教育管理体制，并投入大量人力、物力和财力，以保证能够不断获得大批高素质装备试验鉴定人才。经过几十年的发展，美军建立了国防部统一管理与三军分散实施相结合的国防装备试验鉴定人才培训管理体制。国防部下设国防采购与采办政策局和国防采办职业发展委员会，由“国防部研究与工程副部长”具体负责整个国防采办系统装备试验鉴定人员的培训教育。各军种都设置了采办职业发展管理主任和采办职业发展委员会，具体组织实施本军种的装备试验鉴定人才培训。同时，采办人员培训管理机构和试验鉴定业务机构也构建了良好的沟通协调机制。为更好地推进采办系统试验鉴定领域人才培养，国防部和各军兵种都成立了试验鉴定人员能力一体化产品小组，定期召开例会，并就试验鉴定人才培训问题向采办职业发展委员会提供需求和反馈。

美军还建立多层次培训机构合作机制，加强试验鉴定人才培养力度。国防采办大学目前有5个校区，各校区还下辖多个卫星学校，可提供全球化交互式学习环境，满足采办人员即需即训的要求。国防采办大学与地方院校、教育培训机构、专业组织及著名企业等建立了战略伙伴合作关系，采办人员通过特定网络数

据库查询合作大学，可将国防采办大学的课程学分转移到其他大学以获得大学学位和证书；通过学分抵免计划，用教育培训机构的课程代替国防采办大学的课程可取得采办专业证书，这些合作机制为采办人员提供了更多的学术研究和职业发展空间。

（2）形成了较为完善的法规制度体系。美军通过加强法规政策与标准建设推动试验鉴定队伍的建设与管理。试验鉴定作为国防采办的重要业务领域之一，其人才培训法规主要涵盖在国防采办队伍建设的相关法规中。早在 1990 年 11 月，美国国会就通过《加强国防采办队伍法》，要求国防部对国防采办队伍提出教育、经历与培训的要求。《国防采办队伍改进法》规定，对每一个试验岗位，要根据其职位要求的复杂程度确定其教育、培训及阅历要求，只有培训合格人员才能担任或晋升高一级职务。国防部规定试验鉴定人员每 2 年要接受 80 小时的在职培训，以保证人员保持或不断提高其技能与知识。美国国会每年会颁布《国防授权法》，通常都会涉及采办队伍建设与管理问题，如《2008 财年国防授权法》855 条款“加强联邦采办队伍建设”，要求相关行政管理部门建立和维护采办队伍培训与发展计划。

7.1.2　强化资格认证，构建了较为齐全的培训内容体系

为确保试验鉴定从业人员水平，美军实施基于能力的资格认证制度，构建了入门、中级、专家三级试验鉴定认证培训体系。此外，国防部、各军兵种、地方单位还提供了大量的继续教育课程。

（1）面向全职业生涯，制定了试验鉴定人员终生学习规划。依据试验鉴定人员职业特点，美军将试验鉴定职业生涯划分为入门级（Ⅰ级、中级（Ⅱ级）、专家（Ⅲ级），以及关键领导岗位 4 个阶段，并依据各阶段知识及能力需求，构建了相应的人员职业成长模型，如图 2.3 所示。该模型对试验鉴定人员全职业生涯的培训进行了总体规划，明确了各阶段应开展的职业资格培训，以及准入条件、相关岗位、培训内容、职业考核标准等。由图 2.3 可知，美军为试验鉴定人员提供的培训主要包括入门级、中级、专家三级认证培训，关键领导岗位培训，以及其他各类继续教育课程。

（2）依托各类培训机构，开展等级认证培训。美军研制试验鉴定办公室联合国防采办大学，开展了试验鉴定职业领域Ⅰ、Ⅱ、Ⅲ3 个等级的认证培训，同时由国防采办大学为等级认证提供相应的课程培训。

其中，Ⅰ级要求学员具备副学士学位和 1 年的工作基础，主要目标是培养试验鉴定的基本技能，包括试验鉴定的基本政策、原理、工作流程等。该层次培训主要采取在线学习的方式，主要课程内容包括系统采办管理基础、试验鉴定基

础、系统工程基础、试验鉴定中的建模与仿真、国防采办中的网络安全性等课程。

等级Ⅱ要求学员具备学士学位、24 学时 STEM（科学、技术、工程、数学）课程经历和 2 年的工作基础，主要目标是提升试验鉴定专业技能，包括试验鉴定计划、管理、实施以及问题处理等。该层次培训采取在线学习与课堂学习相结合的方式，主要课程内容包括中级系统采办、中级试验鉴定、一体化试验、联合试验环境、概率论和统计学概述、可靠性和维修性等课程。

等级Ⅲ要求学员具备 STEM（科学、技术、工程、数学）本科及以上学位和 4 年的工作经历，主要目标是提升试验鉴定领导与管理能力。该层次培训以课堂学习为主，主要课程内容包括高级试验鉴定、项目执行、规划、计划、预算、执行和预算展示、产品支持商务案例分析、一体化产品团队管理和领导、挣值管理概论等课程。

此外，空军理工学院、佐治亚理工学院等地方院校也分别提供了一些认证培训计划。

（3）为确保培训质量，制定了强制性职业资格认证标准要求。美军原则要求就任某等级试验鉴定人员必须获得相应任职等级，并接受拟就任岗位要求的特殊培训。对于未获得任职资格便就任的人员，需在就任时应列出个人发展计划，确保在未来 24 个月或部门采办执行官规定的时间内满足相应任职资格要求。如在这个时间后还未达到标准，就必须通过相关程序获取一个豁免证书，否则必须离职。早在 2014 年，负责研制试验鉴定的助理国防部长帮办就提出，试验鉴定职业领域认证总目标是已通过认证或在 2 年内可通过认证的人数占总人数的比例为 90%。在 2015 财年，美军装备试验鉴定职业领域实际的认证比例高达 95%。美军在设定每个等级标准时，除考虑能力要求外，还重点考虑人员对专业基本技能的掌握；除通过本职采办领域的教育培训课程外，还注重引导他们在其他采办领域获取一定的知识和能力，为将来担当更为重要的职责打下基础。

7.1.3 推动资源共享，打造了多元化网络化的培训资源体系

网络化培训已成为近年来美军装备试验鉴定人才的常用模式。美军国防部、各军兵种都建设了丰富的试验鉴定资源，并通过资源共享，形成多元化和网络化的培训资源体系。国防部建立了各种知识学习模型，如国防采办大学建立了基于网络的学习管理系统，在网上公布“继续教育模型”，包括国防部 5000 系列模型、项目管理人员采办模型等计算机辅助教育教程，内容直观易懂，为受训人员提供了多样的学习形式。国防部、各军兵种都建立了采办知识共享系统，为学员

提供涵盖试验鉴定相关法律、法规、指令指南和手册的实时查询、学习和在线服务。国防采办大学还建设了“现代学习平台”，可为学员提供个性化训练，并提供各类培训资源。在 COVID-19 大流行期间，该平台发挥了巨大作用，使国防采办大学更快的依托分布式和虚拟环境提供各类教学服务。

7.1.4　推动军民融合，吸纳并高效利用地方单位优势资源

美军还充分利用地方大学、工业界等军外培训机构开展装备试验鉴定人才培训工作。佐治亚理工学院早在 1995 年就设立了试验鉴定研究与教育中心，为军方培训试验鉴定人员。该学院设置了情报、监视、侦察（ISR）概念、系统与试验鉴定导论、网络系统试验鉴定基础、射频防御电子系统的试验鉴定、试验设计等数十门试验鉴定课程。针对试验鉴定关键领导岗位人员培训，哈佛商学院也提供了一系列领导力开发培训课程，如决策、高情商领导团队、会议管理、团队管理等。

在学术团体方面，有着美国军方背景的国际试验鉴定协会（ITEA）在 1980 年便已组建，并在成立伊始就创办了协会会刊，其组织的国际试验鉴定研讨会至今已经举办了 30 余届。在这些会议与期刊上形成的大量创新理念，都对美军装备试验鉴定带来了举足轻重的影响。ITEA 也提供了一些试验鉴定认证项目，提供了试验鉴定流程的基本原理、作战试验设计、试验鉴定中的项目管理和系统等课程的培训。

装备试验鉴定人员可以通过相关大学的专业培训，获得更高的学历和学位；通过工业界和政府部门的培训，获得管理经验；通过一些职业化机构的专职培训，获得职业资格。

7.1.5　重视文化转变，助推航天装备试验鉴定人才培养

美国太空军刚成立，就启动航天试验鉴定人才培训工作。2020 年 10 月，美国太空军试验部门和空军试验中心下属的空军试飞员学校联合组建了首个选拔委员会，从 166 名申请者中遴选合适人员，参加“航天试验基础培训班”。美军空军试验中心司令克里斯托弗·阿扎诺少将亲自参与指导，并对此项工作予以了高度肯定。美国太空军与美国国家试飞员学院联合开办了为期 3 周的航天试验培训班。未来，美国太空军还计划成立“太空试飞员学校”，负责航天试验人才培训。

为提升航天试验人才培训质量，应对航天试验领域的未来挑战，美军正在推动一次自上而下的文化转变。美军认为，未来航天试验鉴定人员面临着“四大挑战”：一是航天器极限性能的测试，即航天器有着非常严格的操作限制，无法像

测试飞机一样自由地测试航天器极限；二是许可的流程，即航天试验操作人员很多操作需要授权，可处理的应急流程数量非常有限，难以按照作战应急流程进行充分试验；三是安全保障网，即针对非常规测试（如故障测试、应急情况测试、极限测试），构建灵敏的安全保障网，才能确保航天器飞行试验安全、可靠、高效；四是操作人员熟练程度，即航天试验鉴定人员必须具备足够的经验和熟练程度，才能安全且有效地达到航天器性能范围极限，否则，一个失误就可能导致整个航天资产的损失。针对这四大挑战，当前，航天试验鉴定人员培训理念相对保守，难以满足要求，为此，需要从文化上进行根本性转变，并在制定未来的航天试验鉴定人员培训课程中予以充分考虑。

7.1.6 注重试验科学技术培养，持续优化培训内容

一是注重试验科学技术培养。美军高度重视试验科学技术的培养。美军在其国防部指示性文件 5000.02《国防采办系统的运行》中明确规定：“试验设计与分析科学技术（源自实验设计方法论）必须有效地运用到试验鉴定项目，必须横跨关联作战、任务和能力。”在美国国防采办大学Ⅰ、Ⅱ、Ⅲ等级培训中，均设置了统计学，可靠性、维修性、保障性，建模仿真等课程。

美国国防部前作战试验鉴定局局长吉尔莫，从上任伊始就大力推广试验科学和试验设计分析方法在作战试验鉴定中的运用，并于 2013 年授权拟制完成《试验科学路线图》报告。该报告对未来试验鉴定人员教育培训做出以下建议。

（1）应编制一部有关试验鉴定统计方法的手册。

（2）所有试验组织应继续（或开始）对实验设计、统计分析以及可靠性方面进行定期培训。作战试验鉴定局应继续提供定期培训，并在试验报告数据分析方面提供更多的培训。

（3）经费允许的条件下，作战试验鉴定局应举办有关试验鉴定统计方法的年会，设立一个展示案例研究、最佳实践以及经验教训的论坛，并提供培训机会。

二是不断改进优化培训内容。早在 2012 年，作战试验鉴定局局长就联合当时负责研制试验鉴定的助理国防部长帮办、弗吉尼亚理工学院、弗吉尼亚州立大学以及其他几个试验鉴定机构，一起合作更新国防采办大学关于概率论和统计学的继续教育课程。2013 年以来，国防采办大学先后多次修订试验鉴定课程体系，更新课程培训内容。近年来，围绕课程目标、教学内容和考核标准等方面，试验鉴定领域认证培训基础课程 TST 102 试验鉴定基础、TST 204 中级试验鉴定、TST 303 高级试验鉴定，已分别开展了多轮修订。

7.2　对我国开展试验鉴定人才培训的启示

当前，性能试验、作战试验、在役考核成为我军常态化的试验模式，试验鉴定工作内容相比以前发生了根本性的变化，这对试验鉴定人才培养提出了新的挑战。为满足当前新体制下高密度试验鉴定工作需求，可以借鉴美军的相关做法，在完善试验鉴定人才培养顶层设计、构建我国试验鉴定人才培养体系，建立试验鉴定岗位资格认证制度、推动试验鉴定人才培训资源、利用军地优势培训资源等方面下功夫。

7.2.1　完善顶层设计，加强机制创新，助推试验鉴定人才螺旋式上升培养

（1）做好试验鉴定人才培养需求分析。着眼于当前装备试验鉴定任务需求和未来试验鉴定能力建设需求，在系统梳理总结现有试验鉴定人才队伍基本情况基础上，提出对人才培训的数量规模、知识结构、能力素质等方面需求。

（2）制定与试验鉴定全职业生涯相符的人才成长路径图。立足我军试验鉴定人才培养需求，结合当前军官制度和文职制度改革对试验鉴定人才成长发展的要求，从顶层上制定符合试验鉴定人才成长特点、覆盖试验鉴定全职业生涯的人才成长路径规划。

（3）完善试验鉴定人才培训法规建设。制定试验鉴定人才队伍建设、培训制度等相关法规，建立试验鉴定人员终生培训机制，明确试验鉴定人员职务晋升与发展培训要求与标准，为院校开展试验鉴定学科建设和人才培养提供法规依据，也为试验鉴定人员在合适的职业阶段接受合理的培训提供政策保障。

（4）推动装备试验鉴定人才培训工作机制创新。可参考美军海军部的做法，可成立装备试验鉴定人才队伍一体化工作小组，对试验鉴定人员队伍建设、发展和教育培训等工作进行统一管理和指导。一体化工作小组可由机关牵头，相关院校、试验单位试验鉴定主管领导参与，开展阶段性的论坛和定期沟通。

7.2.2　以体系创新为驱动力，构建高水平复合型试验鉴定人才培训体系

结合我军试验鉴定人才结构及专业特点，可从以下方面构建我军高水平复合型试验鉴定人才培训体系。

（1）体系设计试验鉴定领域人才培训专业，围绕军官、军士、文职试验鉴定人员等各类人员职业成长路径和岗位特点，区别层次，体系设置试验鉴定领域

本科、研究生学历教育专业，以及任职培训和晋升培训专业。

(2) 统筹规划试验鉴定人才培养布局，针对各军兵种试验鉴定特点，结合院校特色优势，合理布局试验鉴定培训学科专业体系，明确各层级院校培训任务，避免学科建设及培训专业交叉重复。

(3) 优化设计培训内容体系，培训的核心在于课程内容设置，在统筹试验鉴定培训各专业班次培训目标的基础上，不断优化专业人才培养方案，科学设计课程体系，确保培训的针对性。

7.2.3 以“质”促建，完善试验鉴定岗位资格认证制度

试验鉴定工作本身专业性较强，这对工作人员专业技术水平提出了较高要求。为此，有必要推行试验鉴定资格认证制度，在完成规定的培训并获取证书后，才能持证上岗，从而确保试验任务质量。结合试验鉴定岗位特点，可分别针对试验技术人员和指挥管理人员设置初级、中级、高级岗位认证课程。其中初级培训主要针对新入职人员，主要开展试验鉴定的基本知识和法规制度的学习。中级培训主要针对具有一定试验鉴定实践经历的人员，主要目标是提升试验设计、实施、评估及管理等方面的专业技能。高级培训主要针对试验鉴定总体技术人员和中级指挥管理岗位人员，主要目标是提升试验鉴定总体设计、管理协调，以及前沿问题的研究能力。

7.2.4 虚实相生，立足“后疫情”时代混合式教学现状，推动试验鉴定人才培训资源多元化、多维度发展

为了适应试验鉴定领域的新发展，可利用先进信息技术，加强试验鉴定培训资源建设。应加大试验鉴定在线资源建设，建设大量的试验鉴定慕课、微课，以及资源库等学习资源，通过远程学习平台为学生提供便利服务，方便学员能随时的进行在线学习。基于虚拟现实技术、人工智能技术，建设试验鉴定虚拟仿真实验课程，提供虚拟现实、远程实景等沉浸式教学功能，增强学习者对课程的体验感、接受度，从而提升虚拟教学的有效性。积极探索大数据、云技术、人工智能等互联网技术在试验鉴定领域军事职业教育中的应用，可建立试验鉴定职业教育数据库，根据不同试验类型、不同装备系统的关注点定期更新数据库内容，供试验鉴定人员学习使用。完善网络授课平台，从原有的远程教育发展为当前的在线课程，借鉴网络流行的直播、短视频等方式进行授课，学员完成规定的试验鉴定课程学习内容并通过测试后，院校应颁发与在校学员同等效力的资格证书，形成线上、线下同步发展的试验鉴定职业教育建设模式。

7.2.5　扩展资源利用边界，充分发挥军地资源优势

我国部分地方院校、部分军工企业、试验基地在试验鉴定领域都有较为丰富的积累，例如，许多地方高校在航天器试验领域、环境与可靠性试验等领域具备良好的研究基础和条件设施，目前已开展试验鉴定相关专业本科、研究生层次的学历教学。可利用这些单位优势资源，一方面，可开展联合培养，将其设置为联合培训基地；另一方面，可依托这些单位开设试验鉴定短期培训班次，如以试验设计、试验数据分析、试验评估、环境与可靠性试验等为主题的特色培训班。

为加强试验鉴定学术交流研讨、推动试验技术研究，可成立我国/我军试验鉴定专业协会或学术团体。我国军队、地方单位试验鉴定人员很多，理论、实践等方面交流研讨需求迫切。近年来，国内、军内先后举办了一些试验鉴定研讨会，如 2019 年开办的“面向实战的试验评估”学术论坛，吸引了国内数百名学者参加交流。虽然我国已举行了一些以“试验鉴定”为主题的研讨会，但目前尚未形成稳定的行业协会，尚无有影响力的试验鉴定期刊。为此，可军地联合，成立我国/我军试验鉴定行业协会，并设置专门办公室，定期召开试验鉴定年会，创办有影响力的试验鉴定学术期刊，促进试验鉴定学术发展。同时，也可依托试验鉴定行业协会，推动试验鉴定人才培训工作。

参考文献

[1] 曹裕华，王元钦，等．装备作战试验理论与方法［M］. 北京：国防工业出版社，2016.

[2] 宗凯彬，张承龙，卓志敏．美国国防采办系统概述［J］. 现代防御技术，2020，48（5）：16-24.

[3] 刘映国，薛卫，谢伟朋，等．美军国防采办政策改革及启示［J］. 国防科技，2021，42（6）：64-68.

[4] 张桦，陈曦，高铁路．美国国防部指令 5000.01 重大变革分析及启示［J］. 国防科技，2021，42（4）：64-68.

[5] 王凯，赵定海，闫耀东．武器装备作战试验［M］. 北京：国防工业出版社，2012.

[6] Gates S M，Brian P，Powell M H. Analyses of the Department of Defense Acquisition Workforce［R］. Santa Monica：RAND，2018.

[7] Michael N，Christina S，Evelyn K，et al. How to Train Your Space Tester：Big Picture Challenges Facing Space Test Training［J］. The ITEA Journal of Test and Evaluation，2021，42（2）：83-88.

[8] Derrick H G. Overcoming Barriers：A Tester's Perspective Collaboration among the Test，Training，and Experimentation Communities［J］. The ITEA Journal of Test and Evaluation，2016，37：6-9.

[9] 刘映国．美军网络安全试验鉴定［M］. 北京：国防工业出版社，2018.

[10] 翟优，郭希维，尉广军．美国空军理工学院研究生教育现状及启示［J］. 教育教学论坛，2017，44（11）：94-96.

[11] Defense Acquisition University. Defense Acquisition Guidebook［M］. Virginia：Defense Acquisition University Press，2012.

[12] 军事科学院军事科技信息研究中心．世界国防科技年度发展报告（2018）——试验鉴定领域发展报告［M］. 北京：国防工业出版社，2019.

[13] 鲁培耿．美军海军陆战队作战试验与鉴定［M］. 北京：国防工业出版社，2019.

[14] 周宇，杨俊岭．从美国文化分析美军装备试验鉴定及思考［EB/OL］. 国防科技要闻［2016-11-21］. https：//mp. weixin. qq. com/s/IAwKcaGeMtsl1bEl7ymLEw.

[15] 武小悦．美国试验与评价队伍的培训制度及其启示［J］. 高等教育研究学报，2007，（4）：98-100.

[16] 初欣阳，廖学军，银若秀．美军装备试验鉴定军事职业教育及启示［J］. 军事交通学院学报，2020，22（4）：75-79.

[17] 谢家芾．美军国防采办人员任职资格制度研究［J］. 中国政府采购，2008，12：55-57.

[18] 金前程，姜江，等．美军装备试验鉴定技术发展研究［J］. 国防科技，2019，40（3）：51-59.

[19] 李永哲，李大伟．美军装备试验鉴定发展历程分析及启示［J］. 国防科技，2021，42（2）：47-54.

[20] 宋敬华，刘岳友，等．美国陆军作战试验部队管理体系研究［J］. 国防科技，2020，41（4）：58-63.

[21] 邢云燕，姜江．美军作战试验与鉴定发展研究［J］. 国防科技，2020，41（3）：80-85.

[22] 王磊，万礼赞．美国国防采办队伍建设与管理的经验［EB/OL］. 国防科技要闻［2017-9-7］. https：//mp. weixin. qq. com/s/wWH34cW6Q1VdKMY9ccyisQ.

[23] 李宇华，王斌．美国防采办队伍现状及特点分析［EB/OL］. 国防科技要闻［2019-09-05］. https：//mp. weixin. qq. com/s/GEdvanziKtCeF6z7BOO0IQ.

［24］杨俊岭，任惠民，郑晓娜，等．美军2016年试验鉴定政策发展综合分析［EB/OL］．国防科技要闻［2017-01-24］．https：//mp. weixin. qq. com/s/s-wBy_jgy2tYLs6wYmXRnA.

［25］吕建荣．美国防试验与鉴定资产管理体系及能力布局［EB/OL］．大柳树防务［2016-11-18］．https：//mp. weixin. qq. com/s/SYqkaQQ-cTS_xHwoP_MaZA.

［26］赵继广，柯宏发，等．武器装备作战试验发展与研究现状分析［J］．装备学院学报，2015，26（4）：113-119.

［27］黄朝峰．美国国防采办大学师资队伍要求及其启示［J］．装备学院学报，2012，23（3）：26-29.

附录A 试验鉴定培训相关资源

为更好地开展试验鉴定专业培训和学习研究，美国国防采办大学收集整理了大量试验鉴定相关资源，可为试验鉴定、系统工程和其他采办专业人员提供帮助。这些资源分别包括以下7类：课程和培训资源、出版物资源、网站资源、工具资源，以及建模与仿真（M&S）资源、系统工程资源、软件资源等采办相关专业资源。这些资源均为免费或低收费资源，可通过在线方式或者其他简单方式获取。

A1 课程和培训资源

课程和培训资源如表A1所列。

表A1 课程和培训资源

项目/名称	描述/信息	网址链接
国防采办大学(DAU)课程	基于网站的课程：ACQ 101、PQM 101、SAM 101、SYS 101、SYS 202、TST 102及其他很多课程 在多个地点提供驻地课程：TST 204、TST 303、SYS 203、SYS 302及其他很多课程 DAU低名额班级名单——列出了名额空缺的班级（仅为在未来2个月内开课的班级）	http：//www. dau. mil/ https://learn. dau. mil/ http：//icatalog. dau. mil/onlinecatalog/tabnav. aspx 点击“低名额班级”
国防采办大学与其他学院和大学的战略伙伴关系	DAU课程的其他大学学分 其他大学课程的DAU学分	http://www. dau. mil/aboutDAU/Lists/StrategicPartnership/itemdv. aspx https://dap. dau. mil/training/Pages/StrategicPartnerships. aspx
国防采办大学目录和信息资源目录(iCatalog)	DAU目录包括： -课程描述 -职业领域认证要求（国防采办工作人员改进法案（DAWIA）认证要求） -课程等效性 -继续教育单位（CEU） -美国教育委员会（ACE）推荐学分 第二个链接为归档目录	http://icatalog. dau. mil/ http://icatalog. dau. mil/onlinecatalog/Archived_Catalogs. asp

续表

项目/名称	描述/信息	网址链接
国防采办大学继续教育模块	200多个继续教育模块——可浏览或获取学分 模块包括： -系统工程中的系统安全 -技术审查 -技术成熟度等级评估 -可支持性设计 -为我们的其他人签约 -一体化产品小组（IPT）管理和领导力 -信息保障 -互操作性介绍 -降低总拥有成本 -风险管理 -试验鉴定（T&E）的建模仿真（M&S） -概率与统计介绍 -联合环境下的试验 -试验鉴定的环境问题 -遥测技术 -时空位置信息	http://icatalog.dau.mil/onlinecatalog/tabnavcl.aspx
国防采办大学支持服务	研究、分析、咨询、问题解决、针对性培训	http://www.dau.mil/ma/default.aspx
美国海军远程教育	远程教育课程和学位课程	https://www.navycollege.navy.mil/
美国政府在线教育课程	远程教育课程	www.golearn.gov
国际系统工程委员会（INCOSE）	第一个网址链接为远程教育课程 第二个网址链接为系统工程认证	www.incose.org/educationcareers/shortcourses.aspx http://www.incose.org/educationcareers/certification/details.aspx? id=level
国际试验鉴定协会（ITEA）	网址链接包含有关试验鉴定专业人员（CTEP）资质认证的信息	http://www.itea.org/index.php/advance/professional-certification
联邦采办学院	远程教育课程	http://www.fai.gov/
麻省理工学院（MIT）开放课程软件	远程教育课程。MIT免费课堂笔记、考试和视频	http://ocw.mit.edu/index.htm
Coursera（大型公开在线课程项目）——免费在线课程	Coursera是一个先进的大学在线课程提供商。他们与顶尖大学合作，向所有人免费提供在线课程	https://www.coursera.org/

续表

项目/名称	描述/信息	网址链接
国防采办门户	第一个链接列出了教育、培训和专业拓展资源的课堂和在线课程。 第二个链接包括各种职业领域（试验鉴定、系统工程等）的采办技术和后勤（AT&L）职能区域通道，并带有各职业领域的有用信息	https://dap. dau. mil/training/pages/resourcescenter. aspx https://dap. dau. mil/pages/default. aspx 点击位于网页右侧的职能区域通道
系统工程（SE）在线学位课程	注意：其他学院和大学（列表以外）也提供系统工程课程，以下大学提供在线系统工程学位或认证课程	见以下 11 行清单
南加州大学	在线系统架构与工程理科硕士	http://www. usc. edu/dept/ise/
俄克拉荷马州立大学	在线控制系统工程理科硕士	http://osu. okstate. edu/
阿拉巴马大学亨滋维尔分校（UAH）	系统工程硕士证书，课堂或远程学习。（还有试验鉴定、建模仿真、火箭推进、可靠性与导弹系统、工程管理等方面的认证。）	http://www. pcs. uah. edu/jsp/home. jsp http://www. pcs. uah. edu/jsp/index. jsp？categoryId=10005 1-800-448-4031 或（256）824-6010
密苏里科技大学	系统工程和工程管理在线学位和认证课程	http://emse. mst. edu/
亚利桑那州立大学	在线工科硕士课程，涵盖以下领域：建模仿真、系统工程、软件工程、质量可靠性工程、技术工程管理、产业工程和电气工程 在线统计学研究生认证课程	http://asuonline. asu. edu/
南卫理公会大学	系统工程（远程教育或课堂教育）理科硕士 认证课程 一些国防采办大学课程的学分可转移。DoD 员工可能会减免学费	http://engr. smu. edu/emis/sys/
乔治亚理工学院	应用系统工程在线硕士课程	http://www. pmase. gatech. edu/program http://www. pmase. gatech. edu/format-schedule
海军研究生院	系统工程理科硕士	www. nps. edu
空军理工学院	系统工程管理的理科硕士和硕士认证 在线继续教育	www. afit. edu
在线工程学位	搜索引擎	www. classesusa. com

续表

项目/名称	描述/信息	网 址 链 接
工程学位（一些为在线学习）	搜索引擎	www. allengineeringschools. com
系统工程学术计划	全球列表	http://www. incose. org/educationca-reers/academicprogramdirectory. aspx
试验鉴定认证和学位	注意：其他学院和大学（列表以外）也提供试验鉴定课程，以下大学提供试验鉴定相关学位或认证课程	见该表中接下来的6行（清单）
空军理工学院	运筹学理科硕士。试验鉴定远程教育硕士认证课程	www. afit. edu
阿拉巴马大学亨滋维尔分校	试验鉴定认证 系统工程认证 建模仿真认证 很多其他认证课程 课堂或远程教育	http://www. pcs. uah. edu/jsp/index. jsp? categoryId=10005 1-800-448-4031 (256) 824-6010
佛罗里达理工学院	建模仿真、运筹学	www. fit. edu
乔治亚理工学院	试验鉴定认证	www. terec. gatech. edu
国家试飞员学校	硕士课程、飞行试验	www. ntps. com
海军研究生院	作战分析硕士	http://www. nps. edu/Academics/Schools/GSOIS/Departments/OR/in-dex. html
美国陆军后勤管理学院	运筹学课程　（以及陆军采办，环境科学和后勤课程）	www. almc. army. mil
美国空军试飞员学校	短期课程以及试飞员学校信息	www. edwards. af. mil/click on U. S. Air Force Test Pilot School Information
电子战试验鉴定大学	短期课程	http://www. edwards. af. mil/library/factsheets/factsheet. asp? id=10860
海军作战试验鉴定部队司令部	作战试验主管课程	http://www. public. navy. mil/cotf/Pa-ges/home. aspx http://www. public. navy. mil/cotf/Pa-ges/OTDCourseRegistration. aspx
陆军试验鉴定基础课程（TEBC）	课程侧重于陆军人员的试验鉴定培训	www. atec. army. mil/TEBC/tebc. htm

续表

项目/名称	描述/信息	网址链接
空军实验设计和统计课程	空军装备研究院提供各种的实验设计与统计课程（许多课程已在埃格林空军基地开设）。类似课程在空军理工学院（AFIT）教授	http://www.eglin.af.mil/aac_dp/index.asp https://www.atrrs.army.mil/channels/afitnow/ http://www.afit.edu/ls/page.cfm?page=563
海军航空系统司令部大学	试验鉴定、项目管理、合同、IT、网络安全、金融管理、后勤、研究和工程领域的课程、培训和研讨会	https://navairu.navair.navy.mil/
海军试验鉴定总训练目录	国防部、工业界和学术界试验鉴定相关可用培训列表	https://navairu.navair.navy.mil/ 下载目录（本页面底端）
软件编程和网站开发	网络研讨会，论文以及超过 450 个在线课程	http://www.thedacs.com/training/

A2 出版物资源

各类出版物资源如表 A2 所列。

表 A2 各类出版物资源

项目/名称	描述/信息	网址链接
采办流程挂图	以下环节的生命周期管理信息：阶段、里程碑、技术审查；联合能力集成与开发系统（JCIDS）进程和文件；承包、物流、维护；计划、项目制定、预算和执行流程（PPBE）；系统工程和试验鉴定流程和活动	https://acc.dau.mil/IFC/
《国防杂志》(美国国防工业协会 NDIA 期刊)	电子版免费	www.nationaldefensemagazine.org
《国防采办审查期刊》	曾用名《季度采办审查》	http://www.dau.mil/pubscats/Pages/ARJ.aspx
《国防采办、技术与后勤（AT&L）杂志》	曾用名《项目经理杂志》	http://www.dau.mil/pubscats/Pages/DefenseAtl.aspx
《政府管理》	杂志	http://www.govexec.com/
《政府计算机新闻》	杂志	http://gcn.com/Home.aspx

续表

项目/名称	描述/信息	网址链接
《数据串扰》	国防软件工程期刊	http://www.crosstalkonline.org/
《芯片杂志》	由海军中央情报官和航天与海战系统司令部（SPAWAR）信息技术项目办公室赞助	http://www.doncio.navy.mil/chips/Default.aspx 或 chips@spawar.navy.mil
《国防新闻》	此杂志非免费，但网站有部分免费信息	www.defensenews.com
《晨鸟的替代品》	每日清晨与国防相关的新闻报道	http://www.defensenews.com/apps/pbcs.dll/frontpage? odyssey=refresh
《陆军采办、技术与后勤》	杂志	http://armyalt.va.newsmemory.com/
《航空周刊》	该杂志并非免费，但其网站有部分免费信息、文章、照片及其他网址链接	http://www.aviationweek.com/
《国际试验鉴定协会试验鉴定期刊》	该杂志并非免费（仅对国际试验鉴定协会ITEA会员开放），但其网站有部分免费信息，如杂志文章和摘要等	www.ITEA.org
《美国陆军期刊》	士兵杂志，网络中心运营（NCO）期刊以及陆军报刊链接	http://www.army.mil/media/publications/
《全体船员杂志》	美国海军杂志	http://www.navy.mil/allhands.asp
《空军杂志》	杂志	http://www.afa.org/
《陆军时报》 《空军时报》 《海军时报》 《海军陆战队时报》	新闻、福利、事业、娱乐、照片、宣传	http://www.armytimes.com/ http://www.airforcetimes.com/ http://www.navytimes.com/ http://www.marinecorpstimes.com/
《希尔电子杂志》	有关国会、现任政府、国防部、国土安全部和其他联邦机构的新闻	http://thehill.com/
国防部（DoD）和军事电子期刊	可链接至众多杂志和电子期刊	http://www.au.af.mil/au/aul/periodicals/dodelecj.htm
学术期刊	第一链接可访问7000多种学术期刊和70万篇文章（专业、行业和同行评议期刊），提供期刊和文献搜索，也可按标题或主题领域浏览。第二链接按主题区域列出了可开放获取的期刊	http://www.doaj.org/ http://en.wikipedia.org/wiki/List_of_open-access_journals

续表

项目/名称	描述/信息	网址链接
国防部新闻服务	新闻发布、合同公告、照片和新闻档案。 可链接到陆军、海军、空军、海军陆战队、反恐战争和其他联邦政府通讯网站	http://www.defense.gov/news/dod-news.aspx
《武装部队和联邦周刊通讯》	第一链接为《联邦周刊通讯》 第二链接为《武装部队通讯》及其他文章	http://www.fedweek.com/ http://www.fedweek.com/AFN/
手册、指南、出版物	《试验鉴定管理指南》 《系统工程基础》 《国防采办词汇表缩略语/术语》 《国防采办管理导论》 《项目经理工具包》 《基于性能的物流指南》 《项目经理计划指南》 《联合项目管理手册》 《商用现货（COTS）及商业项目指南》 《商业运作与经费保障计划（COSSI）手册》 《激励策略指南》 《基于性能的服务采办指南》 及其他很多刊物和指南	http://www.dau.mil/Publications/Pages/Onlinepublications.aspx 点击“指导手册”和/或国防采办和政策刊物
《国防采办指南》（DAG）	第一链接为《国防采办指南》的在线互动版 第二链接为《国防采办指南》下载地址	https://dag.dau.mil/Pages/Default.aspx https://acc.dau.mil/CommunityBrowser.aspx？id=337952
《联合能力集成与开发系统手册》	JCIDS 手册替换了参联会主席手册（CJCSM）3170.01C	https://www.intelink.gov/wiki/JCIDS-BF]_Manual
《采办、技术与后勤（AT&L）职业管理手册》	《采办、技术与后勤（AT&L）职业管理桌面指南》包含了有关 AT&L 工作人员教育、培训和职业拓展计划等信息	http://www.dau.mil/workforce/Shared%20Documents/DoD_Desk_Guide-060110c.pdf
手册、指南（国防采办门户）	《采办后勤指南》 《为其他人签约》 《国防部可靠性、维修性与可用性（RM&A）的实现指南》 《国防部指南，唯一标识项目》 《挣值管理（EVM）实施指南》 《跨国项目管理指南》 《技术过渡经理指南》 《政府问责办公室（GAO）报告》（采办相关） 《作战与支援（O&S）成本估算指南》 《国防部集成化产品工艺开发（IPPD）手册》 《技术成熟度评估手册》 其他各类手册和指南	https://dap.dau.mil/aphome/das/Lists/Guidebooks%20and%20Handbooks/US%20Air%20Force.aspx？gtag=U.S.%20Air%20Force&ggroup=Guidebook%20Organization 点击查看：所有链接

续表

项目/名称	描述/信息	网址链接
政策文件及其他有关采办的文件（国防采办门户）	第一链接为采办相关法律、指令、规定、政策备忘录、汇报、联邦采办规定（FAR）及国防联邦采办补充规定（DFARS）信息等。 第二链接为新闻和出版物。 两个链接均可按职业领域、组织或主题进行检索	https://dap. dau. mil/policy/Lists/Policy%20Documents/Policy. aspx? tag=Policy&group=none https://dap. dau. mil/aphome/das/Lists/News%20and%20Publications/DoD. aspx? ptag=DoD&pgroup=Publication%20Organization
《作战试验主任手册》	作战试验鉴定部队指挥部（COMOPTEVFOR）刊物	http://www. public. navy. mil/cotf/Pages/OTDManual. aspx
《靶场指挥官委员会》	试验鉴定刊物——题目包括遥测、仪器、靶场架构、雷达、数据采集、靶场安全、GPS、传感器等	http://155. 148. 76. 7/RCCsite/Pages/Publications. aspx
《统计方法电子手册》	工程数据手册	http://www. itl. nist. gov/div898/handbook/
《美国政府工程师写作规范指南》	海军航空系统司令部（NAVAIR）刊物	http://www. navair. navy. mil/nawctsd/Resources/Library/Acqguide/spec. htm
《模块化开放系统采办方法》	手册、项目评估和定级工具、开放式体系结构评估工具	http://www. acq. osd. mil/se/pg/guidance. html#MOSA
《国防采购和采办政策》	合同指南、政策和信息	www. acq. osd. mil/dpap/
《国防部防控腐败规划指南》	指导手册和其他反腐信息	https://learn. test. dau. mil/CourseWare/289_2/M1/JobAids/Excerpt_Corrosion_Guidebook. pdf
《管理技术风险的11种方法》（美国海军南方司令部NAVSO P-3686）	《风险指南》同时提供了有关制造来源减少和材料短缺的信息	http://www. bmpcoe. org/library/books/navso%20p-3686/3. html
联合试验手册	手册	http://www. jte. osd. mil/点击联合试验鉴定（JT&E）手册（左侧菜单）
国防采办大学（DAU）知识库（实际和虚拟图书馆）	DAU虚拟图书馆提供数字资源的迅捷访问，并识别令采办技术和后勤（AT&L）工作人员高度感兴趣的阿克（Acker）图书馆中可用的印刷出版物。提供“询问图书管理员”服务	http://www. dau. mil/pubscats/Pages/Acker%20Library. aspx https://daunet. dau. mil/sites/lib/SitePages/daukr/index. htm
虚拟图书馆-五角大楼	虚拟图书馆，拥有政府数字图书集锦、商业信息、全球情报信息、在线语言培训、访问近1000份报刊和国防相关文件&报告（点击在线刊物），并提供“询问图书管理员”服务	http://www. whs. mil/library/

续表

项目/名称	描述/信息	网址链接
虚拟图书馆-海军研究生院	虚拟图书馆，提供“询问图书管理员”服务。点击“搜索科目指南”来查找各类军事相关信息	http://www.nps.edu/Library/index.html
虚拟图书馆-国会图书馆	虚拟图书馆	http://catalog.loc.gov
虚拟图书馆-空军理工学院	虚拟图书馆	http://www.afit.edu/library/
军事图书馆网	可搜索30多家军事图书馆的电子目录。还就一些关键议题发表了有关国防的美国政策声明	http://www.jfsc.ndu.edu/library/catalogs/merln.asp
世界公共图书馆	可访问75万本电子书	http://netlibrary.net
古登堡计划（7.5万多本公共领域图书）	免费公共领域电子书	http://gutenberg.us/ http://self.gutenberg.org/Catalog/6/Author-s-Community

A3 网站资源

试验鉴定相关网站资源如表A3所列。

表A3 试验鉴定相关网站资源

项目/名称	描述/信息	网址链接
《国防采办门户》（DAP）	政策文件 采办工作人员信息 教育/专业拓展信息 新闻 & 刊物 采办的产业支持——新闻 & 网址链接 “询问教授”	https://dap.dau.mil/Pages/Default.aspx
《更佳购买力途径》	更佳购买力政策、备忘录、指导、操作建议、新闻、“询问教授”、更佳购买力培训	http://bbp.dau.mil/
采办社区连接（ACC）	ACC是一个采办技术 & 后勤（AT&L）员工聚会交流知识的网站。 加入ACC并获得重要采办资源的访问权，与您领域的专业人员连接，共享信息和知识（包括在ACC网站发布文件） ACC拥有系统工程、试验鉴定及其他多种专业的实践社区/特殊兴趣区	https://acc.dau.mil/

续表

项目/名称	描述/信息	网址链接
采办网站链接	网址链接	http://www.library.dau.mil/websites_internet.html
采办中心	文件、指示、网站链接	https://www.acquisition.gov/
采办领域百科全书（Acquipedia）	常见国防采办课题的在线百科全书	https://acquipedia.dau.mil/default.aspx https://dap.dau.mil/acquipedia/Pages/Default.aspx
国防部研究 & 工程途径	包含哪些人在国防部研发领域中执行哪些工作的信息	https://reg.dtic.mil/DTICRegistration/
海军研发 & 采办网站	网站	http://acquisition.navy.mil/
陆军采办支持中心	网站	http://asc.army.mil
国防科学委员会（DSB）	下载或订阅 DSB 报告	www.acq.osd.mil/dsb/
采办网站-负责采办技术和后勤的国防部副部长（USD）网站	文件、国防部长办公厅（OSD）信息 & 网站链接、搜索引擎	www.acq.osd.mil
国防采办管理信息检索（DAMIR）	DAMIR 识别采办社区用来管理重大采办国防项目（MDAP）和重大自动化信息系统（MAIS）项目的各类数据资源，允许国防部长办公厅、军事服务机构、国会和其他参与的社区访问本信息	http://www.acq.osd.mil/damir/
联邦采办规定（FAR）网站	合同文件、规定、表格、工具	http://farsite.hill.af.mil
在线陆军知识	陆军界和国防部信息、电邮、搜索引擎、定位器	https://www.us.army.mil
在线海军知识	海军界信息	https://wwwa.nko.navy.mil/portal/home/
空军门户	空军界信息	www.my.af.mil
海军陆战队主页	海军陆战队领域信息	www.marines.mil
空军文案	文件、刊物	http://www.e-publishing.af.mil/
陆军文案	文件、刊物	www.apd.army.mil
海军文案	文件、刊物	http://doni.daps.dla.mil/default.aspx

续表

项目/名称	描述/信息	网址链接
国防技术信息中心 国防部颁布 参谋长联席会议主席（CJCS）指令	第一链接包含国防部文件、报告、刊物（搜索、订阅文件）。 第二链接包含用于开发和协调国防部颁布文件的要求、模版 & 指令。 第三链接包含参谋长联席会议主席文件 & 刊物	www. dtic. mil www. dtic. mil/whs/directives http://www. dtic. mil/cjcs_directives/index. htm
国防部定位器和搜索引擎	文件、网站、新闻发布	http://www. defense. gov/
政府信息搜索引擎	关于政府信息和政府汇报的搜索引擎和链接	http://www. usa. gov/ http://www. gpoaccess. gov/ http://www. ntis. gov/
国防部军事术语词典	DoD 术语和缩略语搜索引擎	http://www. dtic. mil/doctrine/dod_dictionary/
国防部多媒体/照片	DoD 照片（公共领域）	http://www. defense. gov/multimedia/multimedia. aspx
全球军事设施信息	网站	http://www. militaryinstallations. dod. mil/pls/psgprod/f？p=MI：ENTRY：0
国防部军事设施	国防部设施和工作地点信息 迁移和重新选址信息	www. militaryonesource. com http://apps. militaryonesource. mil/pls/psgprod/f？p=MI：ENTRY：64460855598202
空军军事学院	国防部/军事经验教训	http://www. au. af. mil/au/awc/awcgate/awc-lesn. htm
陆军教训研究中心	最佳实践/经验教训	http://usacac. army. mil/cac2/call/index. asp
国防采办大学的最佳实践信息交换所	最佳实践（尤其是系统工程和软件采办领域），实施方式和实施结果信息	https://acc. dau. mil/bpch
海军研究生院图书馆	大量经验教训的网站链接	http://www. nps. edu/Library/Research%20Tools/Subject%20Guides%20by%20Topic/Military%20Resources/Lessons%20Learned/LessonsLearned. html
海军陆战队经验教训	最佳实践 / 经验教训	https://www. mccll. usmc. mil/
经过验证的采办实践和经验教训	采办相关的最佳实践/经验教训。已验证的实践和经验教训资源网址链接	https://dap. dau. mil/apl/Pages/Default. aspx

续表

项目/名称	描述/信息	网址链接
国防工业协会（NDIA）	文件、网站链接、会议和活动信息、NDIA委员会和地方分会的网址链接。 国防采办大学（DAU）学生可通过登录DAU网站获得NDIA免费会员	www. ndia. org Free NDIA membership for DAU students and faculty：http://www. ndia. org/MembershipAndChapters/Pages/DAU. aspx
北美技术与产业基地组织	网站	http://www. acq. osd. mil/mibp/natibo/
海军研究办公室	技术转移信息和计划——网站	http://www. onr. navy. mil/en/Science-Technology/Directorates/Transition/Technology-Transition-Initiatives-03TTX. aspx
管理和预算局（OMB）	行政命令、总统行动和公告、立法和未决立法、OMB通告	http://www. whitehouse. gov/omb/ http://www. whitehouse. gov/omb/agency/default
国防部研究和工程企业	联邦资助的研发项目信息（预算、规划、项目摘要、新闻亮点）。 搜索引擎、其他网站链接。 现有研究重点领域和研究举措	http://www. acq. osd. mil/chieftechnologist/index. html
独立研发	网站	www. dtic. mil/ird
国防高级研究计划局（DARPA）	网站	www. darpa. mil
人机一体化（HIS）	网站、网址链接 联邦航空局（FAA）人力因素工作台有培训、报告和数百个人力因素工具	www. manprint. army. mil http://www. hf. faa. gov/portal/Default. aspx
可靠性分析中心	刊物、工具、培训	http://www. theriac. org/
化学、生物、辐射与核防御信息分析中心	化学、生物、辐射与核防御和国土安全科技信息	http://www. cbrniac. apgea. army. mil
化学推进信息分析中心	美国化学火箭推进技术信息和研究服务机构的国家信息交换中心和资源中心	http://cpiac. jhu. edu
军事传感信息分析中心	目的是促进军事传感技术领域内通信发展；创建标准；在现场收集、分析、综合、维护和传播关键信息	https://www. sensiac. org/external/index. jsf
武器系统技术信息分析中心	目的是提供与常规和定向能武器及其开发、生产、部署和维护相关的信息和工程服务	http://wstiac. alionscience. com

续表

项目/名称	描述/信息	网址链接
高级材料、制造和试验信息分析中心	国防部卓越中心，负责获取、归档、分析、合成和传播与先进材料、制造和试验相关的科技信息	http://ammtiac. alionscience. com
开放系统联合特遣部队	工具和指导、文件、经验教训	www. acq. osd. mil/osjtf/
最佳制造实践	产业界/ 政府/ 学术界合作努力	www. bmpcoe. org/
国防环境网络	网站	https://www. denix. osd. mil
国防部首席信息官网站	查看主页或搜索以网络为中心的文档存档和清单、全球信息网格指南和文档、C^3I 文档和大量其他文档	http://cio-nii. defense. gov/
信息保障（IA）资源	第一链接为国防部信息保证认证与确认过程。 第二链接为 IA 支持环境网站（众多 IA 资源）	https://diacap. iaportal. navy. mil/ http://iase. disa. mil/index2. html
国防部体系结构框架（DODAF）2. 02 版本	下载 DODAF 文档（卷 I、卷 Ⅱ、卷 Ⅲ）	https://www. us. army. mil/suite/page/454707
产品质量和制造（PQM）资源和工具	产品质量和制造资源和工具	https://acc. dau. mil/CommunityBrowser. aspx? id = 18237
项目管理资源和工具	数十种免费工具、文档、模板、表单和指导手册	https://acc. dau. mil/CommunityBrowser. aspx? id = 17635 https://acc. dau. mil/CommunityBrowser. aspx? id = 527456&lang = en-US
物流资源和工具	生命周期后勤资源和工具——13 个重点课题领域	https://acc. dau. mil/CommunityBrowser. aspx? id = 18076 https://acc. dau. mil/logtools
产品保障资源和工具	该网站介绍了 150 多种可用于协助产品保障的分析工具，包括每个工具的描述、保障流程、使用该工具的服务机构以及其他信息。该网站还提供政策文件、指南和手册	https://acc. dau. mil/productsupport https://dap. dau. mil/dodpsroadmap/Pages/Default. aspx
网络就绪关键性能参数（KPP）资源	网络就绪关键性能参数（NR-KPP）手册 NR-KPP 试验指南	https://www. intelink. gov/wiki/Net _ Ready _ Key _ Performance _ Parameter _ (NR_KPP) _Manual https://www. intelink. gov/wiki/Net _ Ready _ Key _ Performance _ Parameter _ (NR_KPP) _Manual

续表

项目/名称	描述/信息	网址链接
联合弹药效能	非核武器效能数据	http://www.amsaa.army.mil/JTCGMEPO.html
国防部长办公厅快速部署办公室	网站提供了有关联合能力技术演示、快速反应技术和快速部署的信息	http://www.acq.osd.mil/rfd/
国防部长办公厅比较技术办公室	管理国防采办挑战（DAC）计划和国外比较测试（FCT）计划	http://www.acq.osd.mil/rfd/contact.html
试验信息	免费的试验信息（特别是软件试验）和主要顾问文章	www.stickyminds.com
生存能力/漏洞信息分析中心	网站-国防部收集、分析和传播国防部武器系统生存能力和杀伤能力信息的机构	www.bahdayton.com/surviac/
作战试验鉴定（OT&E）局局长	试验鉴定网站	www.dote.osd.mil https://extranet.dote.osd.mil/
国防部副助理部长（DT&E）	试验鉴定网站	http://www.acq.osd.mil/dte-trmc/
联合互操作能力试验司令部	试验鉴定/互操作能力网站	http://jitc.fhu.disa.mil
试验资源管理中心（TRMC）	试验鉴定网站	http://www.acq.osd.mil/dte-trmc/
靶场指挥官委员会	试验鉴定网站	http://www.wsmr.army.mil/RCCsite/Pages/default.aspx
国际试验鉴定协会（ITEA）	试验鉴定网站	http://www.itea.org/
海军作战试验鉴定部队（OPTEVFOR）	试验鉴定网站	http://www.public.navy.mil/cotf/Pages/home.aspx
陆军试验鉴定指挥部（ATEC）	第一个网址是公共试验鉴定网站 第二个网址是陆军知识在线	www.atec.army.mil https://www.us.army.mil/suite/designer 搜索ATEC、ATC、AEC或DTC
陆军试验鉴定处	试验鉴定网站，包含大量T&E文件	https://www.us.army.mil/suite/page/25 www.hqda.army.mil/teo
海军陆战队作战试验鉴定处（MCOTEA）	试验鉴定网站	http://www.hqmc.marines.mil/agencies/mcotea.aspx

续表

项目/名称	描述/信息	网 址 链 接
空军作战试验鉴定中心（AFOTEC）	试验鉴定网站	www. afotec. af. mil
联合试验鉴定计划办公室	试验鉴定网站	http://www. jte. osd. mil/
国防部航空航天采办知识（提供任何采办领域的有价值信息）	链接当前航空航天新闻文章、手册、国防部文件的描述和模板、技术审查清单、过程描述（联合能力集成与开发系统 JCIDS、计划、项目制定、预算和执行 PPBE、采办过程）	http://www. acqnotes. com/
数百个统计网站链接	您想了解的有关统计方面的所有内容（以及数据分析、评估、数据收集和管理等）	http://www. math. yorku. ca/SCS/StatResource. html www. resources4evaluators. info/ http://gsociology. icaap. org/methods http://onlinestatbook. com/
统计网站（统计软件和工具）	免费统计软件和工具、统计软件网站	http://gsociology. icaap. org/methods/soft. html http://gsociology. icaap. org/methods/statontheweb. html http://statpages. org/ http://www. statisticallysignificantconsulting. com/Statistics101. htm
统计网址链接和工具	免费统计软件和工具，统计软件网站	www. bettycjung. net 单击站点索引，然后向下滚动至统计部分
统计工具	需在统计研究/实验设计规划中使用的免费软件	http://www. stat. uiowa. edu/~ rlenth/Power/
样本规模计算	网页上有关于如何计算各种情况下最佳样本量的信息	http://suite101. com/article/sample-size-calculations---confidence-and-power-a209629 http://samplesizewebsite. blogspot. com/
可靠性、维修性和可用性工具和统计工具	下载免费软件工具（可靠性、维修性和可用性），包括“可靠性解决方案”和“可靠性试验计划”	http://www. wood. army. mil/MSBL/Reliability%20Test%20Planner/Reliability_Test_Planner. htm
国家标准与技术研究院（NIST）统计方法手册	工程统计手册，包括可靠性部分	http://www. itl. nist. gov/div898/handbook/navi. htm

A4 工具资源

试验鉴定工具资源如表 A4 所引。

表 A4 试验鉴定工具资源

项目/名称	描述/信息	网址链接
中央试验鉴定投资计划（CTEIP）	CTEIP 目标包括： -资助并帮助解决试验鉴定基础设施的不足； -实现一致性、通用性和互操作性； -开发和利用支持试验鉴定的建模仿真； -开发可移动的仪器； -扩展/维护试验鉴定技术基础	http://www.acq.osd.mil/dte-trmc/test_capabilities.html
采办社区连接	这些 ACC 特殊兴趣区包含多个试验鉴定相关资源： -试验鉴定、试验资源管理中心、T&E 科技、运筹学/系统分析	https://acc.dau.mil/
作战试验鉴定局（DOT&E）出版物	DOT&E 网站列有各类试验鉴定相关报告、文献和/或演示文稿	https://extranet.dote.osd.mil 需要普通访问卡（CAC）来浏览
靶场指挥官委员会	国防部试验、培训和作战靶场指挥官的组织： -促进合作和标准化； -寻求共同需求解决方案； -订立技术标准； -促进技术和设备交流； -成立各种职能的技术工作组	http://www.wsmr.army.mil/RCCsite/Pages/default.aspx
试验鉴定/科学技术项目（TEST）	项目目标：资助/开发新技术，并推动其从实验室向试验鉴定社区的过渡。 第一个网址是针对采办社区连接 TEST 计划的特殊兴趣区。 第二个网址是针对国防部试验资源管理中心（TRMC）。TEST 项目由 TRMC 负责	https://acc.dau.mil http://www.acq.osd.mil/dte-trmc/technology_development.html
陆军作战试验（OT）入门标准模板	DA Pam 73-1 的附录 X 包含了一套 33 个详细模板，涵盖试验鉴定的所有方面（试验规划与文档、系统设计与性能、试验资产与保障）	https://www.us.army.mil/suite/page/25 必须首先进入陆军知识在线（AKO），然后键入网址链接

续表

项目/名称	描述/信息	网址链接
陆军试验鉴定出版物	陆军试验鉴定主计划（TEMP）批复状态报告 “TEMP 准备工作 101” T&E 进修课程 T&E 工作层一体化产品小组（WIPT）“智能本” 陆军 T&E 企业化策略 陆军指南：使用建模仿真支持 T&E 很多其他试验鉴定参考文档	https://www.us.army.mil/suite/page/25 必须首先进入陆军知识在线，然后键入网址链接
陆军软件试验标准	DA PAM 73-1“支持系统采办的试验鉴定”，附录 Q 和 T	https://www.us.army.mil/suite/page/25 必须首先进入陆军知识在线，然后键入网址链接
海军航空系统司令部（NAVAIR）试验鉴定培训和指南	该 NAVAIR 网站包含： -试验鉴定作用和流程培训； -T&E 定义； -T&E 项目工程师指南； -陆军试验鉴定主计划（TEMP）指南、格式和培训	http://www.navair.navy.mil/nawctsd/Resources/Library/Acqguide/testing.html
空军作战试验鉴定中心（AFOTEC）工具包	主管工具包和项目经理（PM）作战试验（OT）工具包	http://www.afotec.af.mil/shared/media/document/AFD-100624-074.pdf http://www.afotec.af.mil/shared/media/document/AFD-100624-076.pdf
软件密集型系统增量的作战试验鉴定（OT&E）执行指南	软件密集型系统的 OT&E 指南	https://acc.dau.mil/CommunityBrowser.aspx? id=146601&lang=en-US
国防采办指南第 9 章包含试验鉴定资源和信息	9.3 节 讨论研制试验鉴定（DT&E） 9.4 节讨论作战试验鉴定（OT&E） 9.5 节讨论实弹射击试验鉴定 LFT&E 9.6 节 讨论 T&E 规划文件（试验鉴定策略和试验鉴定主计划） 9.8 节 列出了 T&E 最佳实践 9.10 节 提供 TEMP 推荐格式	https://dag.dau.mil/Pages/Default.aspx
联合试验鉴定和联合任务环境试验能力（JMETC）	第一、二个网址链接：联合（分布式）环境下试验的能力试验方法手册，以及简报、教程和其他有关联合试验鉴定的信息。 第三、四个网址链接：JMETC 信息。JMETC 提供了联合分布式试验基础设施（为保障用户需求而配置的实时、虚拟和构造性试验资源）	https://www.jte.osd.mil/jtemctm/handbooks/index.html https://acc.dau.mil/CommunityBrowser.aspx? id=22043 https://www.tena-sda.org/display/JMETCpub/Home http://www.acq.osd.mil/dte-trmc/interoperability.html

续表

项目/名称	描述/信息	网址链接
SYSPARS 试验鉴定主计划 TEMP（及其他文档）编写工具	系统规划和需求软件（SYSPARS）工具帮助制定试验鉴定主计划的规划和文件以及大量其他采办文件	https://www.logsa.army.mil/lec/syspars/
脆弱性和致命性分析工具	Crossbow 是一个用于漏洞和杀伤力分析的跨平台可视化与编辑工具集。该工具包括建模应用、图形包和故障树分析工具	https://crossbow.survice.com/downloads/Crossbow%20Fact%20Sheet%20060301.pdf

A5　建模仿真资源

建模仿真资源如表 A5 所列。

表 A5　建模仿真资源

项目/名称	描述/信息	网址链接
空军建模与仿真局	文件、链接、经验教训	www.afams.af.mil
空军空地作战学校	数十个战争游戏、模拟和演习等有关主题的网络链接和出版物	http://www.au.af.mil/au/awc/awcgate/awc-sims.htm
建模仿真协调办公室（原国防建模仿真办公室）	建模仿真参考和资源、标准及教育链接到军种机构（和北约 NATO）建模仿真活动	http://www.msco.mil/
建模与仿真资源库	链接到大量建模仿真资源和数据库	http://www.msco.mil/resource_discovery.html http://www.msco.mil/msLibrary.html
美国陆军模拟、训练和仪器仪表项目执行办公室	建模仿真支持中心	www.peostri.army.mil
威胁系统办公室	自动联合威胁系统手册（可在保密 IP 路由网 SIPRNET 上获得）——列出了威胁模拟器、设施、目标、建模仿真、靶场和外国资产	更多信息请联系作战试验鉴定局局长（DOT&E）威胁系统办公室：www.dote.osd.mil/
陆军建模仿真办公室	建模仿真图书馆、网址链接、陆军建模仿真计划	http://www.ms.army.mil/
陆军建模仿真资源库	建模仿真资源	https://www.msrr.army.mil/

续表

项目/名称	描述/信息	网址链接
陆军建模仿真学校	大量培训机会，包括常驻课程、分布式学习机会和分行业培训	http://www.ms.army.mil/sp-div/school/index.html
海军建模仿真办公室	文献、信息、咨询平台	https://nmso.navy.mil/
海军建模仿真资源库（MSRR）	建模仿真资源	https://nmso.navy.mil/NavyMSRR.aspx
海军建模仿真标准工具	该工具旨在通过识别、协调、影响和推广一套通用标准，开发和应用海军建模仿真和数据，这些标准是：获得相关权威机构背书；在技术和社会上被社区广泛接受；更容易使用而非偏离实际	https://nmso.navy.mil/MSStandards.aspx
校核、验证与确认（VV&A）推荐惯例指南	VV&A 信息、模板、参考文件、图表。 从用户、开发者、建模仿真项目经理、校核验证代理方和认证代理机构的角度，讨论 VV&A 各类活动（传统、新型或联邦建模仿真）	http://www.msco.mil/VVA_RPG.html
国防部校核、验证与确认文档工具	用于生成标准化 VV&A 文档并满足以网络为中心的体系结构需求的自动化模板	http://vdt.msco.mil/
年度国防部建模仿真奖励	国防部在建模仿真开发或应用方面取得的突出成就。 奖项由国家培训系统协会赞助	www.trainingsystems.org/nomform.cfm

A6 相关专业（采办系统工程）资源

采办系统工程领域相关资源如表 A6 所列。

表 A6 采办系统工程领域相关资源

项目/名称	描述/信息	网址链接
国防部系统工程政策和指南	-系统工程计划编制指南（SEP）； -国防部系统工程政策； -可靠性信息和指导； -国防部武器系统保障性设计与评估； -技术审查清单； -系统中系统工程指南； -不同组织的系统工程政策与指导；	http://www.acq.osd.mil/se/ 点击“政策和指南”，随后点击“政策”，获取系统工程相关政策备忘录和指示；或点击“指南及工具”，获取其他系统工程文件。

续表

项目/名称	描述/信息	网址链接
国防部系统工程政策和指南	-系统保障工程； -数据采集自动处理系统（DAPS）方法（应用于采办类别 ACAT I 即将进行 DAB 国防采办委员会审查的项目）	获取最佳实践和常见问题，请点击“获取项目资源”
空军系统工程中心	空军系统工程信息、系统工程指南和资源文档、系统工程网址链接	http://www.afit.edu/cse/
空军商业和企业系统	空军商业和企业化系统提供网络链接，系统工程流程网站链接。 包含为信息技术系统和集成能力成熟度模型量身定制的工作表和模板	https://acc.dau.mil/BES
海军航空系统司令部采办指南	路线图含有一个流程图，有详细的描述和指导。 政策、文件、链接、搜索引擎。 有关合同、配置管理、资助、后勤和众多其他课题	http://www.navair.navy.mil/nawctsd/Resources/Library/Acqguide/Acqguide.htm http://www.navair.navy.mil/nawctsd/Resources/Library/Acqguide/contents.htm
海军技术审查信息与指南	技术审查清单、出入境标准、其他技术审查信息	http://www.navair.navy.mil/nawctsd/Resources/Library/Acqguide/reviews.htm
海军陆战队系统司令部（MARCORSYSCOM）采办支持子系统	海军陆战队系统司令部装备过程指导文件	http://www.marcorsyscom.usmc.mil/sites/acalcp/5ass-io.pdf
技术评估清单	技术审查清单（关键设计审查 CDR、初步设计审查 PDR、初始技术审查 ITR、使用审查 ISR、备选系统审查 ASR、作战试验准备审查 OTRR、系统校核审查 SVR、系统功能审查 SFR、试验准备审查 TRR、物理技术状态审核 PCA）	https://acc.dau.mil/CommunityBrowser.aspx？id=25710&lang=en-US
采办文档模版	以下文件模板： -“里程碑和决策”审查文件； -需要的管理文件	https://acc.dau.mil/CommunityBrowser.aspx？id=356384&lang=en-US https://acc.dau.mil/CommunityBrowser.aspx？id=360660&lang=en-US
里程碑文档识别与开发（MDID）工具	MDID 工具帮助用户识别每个采办阶段必须开发哪些文件（按采办类别 ACAT 级别划分），以及每个里程碑需要哪些文件。 网址还提供了帮助开发文件的知识和资源	https://dap.dau.mil/aphome/das/pages/mdid.aspx

续表

项目/名称	描述/信息	网址链接
采办文档开发和管理（ADDM）应用	采办文档开发与管理是一个空军应用程序，旨在协助成功编制下一个里程碑所需的文件。 ADDM 通过提供一个访问文档模板、指南、参考和说明的单点，使流程标准化，以满足下一个里程碑的要求。 ADDM 通过提供一个访问文档模板、指南、参考文献和说明的单点来使该过程标准化，以满足下一个里程碑	https://www.aekm.wpafb.af.mil/Addm/Login/index.jsf
系统规划和需求软件（SYSPARS）系统工程规划（SEP）（及其他文档）编写工具	系统规划和需求软件工具协助“系统工程规划”和许多其他采办文件规划和文件生成	https://www.logsa.army.mil/lec/syspars/
国防采办管理信息检索（DAMIR）	DAMIR 是一个报告和分析工具，国防部长办公厅（OSD）使用它来管理重大国防采办项目（MDAP）和重大自动化信息系统（MAIS）程序。它是安全评估报告（SAR）的基线来源，也是采办项目基线（APB）和国防采办执行官（DAE）的数据来源	http://www.acq.osd.mil/damir/
项目成功概率（POPS）工具	POPS 评估整个项目的健康状况，以及在采办过程中的准备情况。网站有大量的 POPS 文档和工具	https://acc.dau.mil/CommunityBrowser.aspx? id=24415
国防采办指南第4章——系统工程（SE）资源和信息	4.2 节 讨论 8 个技术流程和 8 个技术管理流程； 4.3 节 讨论系统生命周期中的 SE 活动； 4.4 节 讨论各种 SE 设计注意事项； 4.5 节讨论关键 SE 工具和技术； 4.6 节 讨论最佳实践、案例研究和经验教训； 4.7 节 讨论 SE 资源	https://acc.dau.mil/CommunityBrowser.aspx? id=332951 https://dag.dau.mil/Pages/Default.aspx
国际系统工程委员会（INCOSE）	非营利会员组织，网站内容包括： -新闻与活动； -刊物与图书评论； -系统工程入门； -技术资源与工具； -技术测量指南； -系统工程作业库； -专业认证项目； -INSIGHT（《洞察力》）时事通信； -SE 短期课程列表； -SE 学术项目目录； -工程专业人员道德规范	www.incose.org

续表

项目/名称	描述/信息	网址链接
国际系统工程委员会（INCOSE）系统工程工具数据库	系统工程师感兴趣的商用现货（COTS）和政府现货（GOTS）工具信息（需求管理、系统架构、测量和其他工具）	http://www.incose.org/ProductsPubs/products/toolsdatabase.aspx
国防部体系结构框架（DoDAF）	网站链接为DODAF文档（第Ⅰ、Ⅱ、Ⅲ卷），辅导课和其他DoDAF信息。 能通过军队知识在线网站提交DoDAF变更要求	https://www.us.army.mil/suite/page/454707 必须首先进入军队知识在线，然后键入网址链接
实践社区和特殊兴趣区，可在采办社区连接上找到	系统工程 风险管理 数据管理 项目管理 挣值管理 生命周期后勤 科学技术管理 频谱和E3合规性 环境、安全和职业健康 可靠性、可用性和维护性 试验鉴定 物品唯一标识 生产质量和管理 信息技术 联合快速采办 联合互操作性	https://acc.dau.mil
风险控制信息和工具	“采办社区连接”含有丰富的风险管理信息和工具，包括风险管理系统、数据库、分析工具、模板	https://acc.dau.mil/rm 点击“工具”图像
可靠性工具包	刊物、文档和工具	http://quanterion.com/
可靠性和可靠性成长工具	规划和跟踪模型、投影模型和记分卡工具，用于项目路径评估标准化，以满足其可靠性要求	http://www.amsaa.army.mil/ReliabilityTechnology/RelTools.html
可靠性工程师工具包	可靠性、维修性、保障性和质量方面的自动化工具和信息。二项式和泊松（指数）应用可靠性计算器	http://src.alionscience.com/src/toolbox.do
项目经理的电子工具包	关于采办管理、领导和管理技能以及问题解决技能的信息	https://pmtoolkit.dau.mil/
海军系统工程资源中心	有关系统工程工具的信息，包括需求、建模与仿真、国防部体系结构框架（DoDAF）、风险管理、配置管理，以及变更管理工具。 “系统工程技术评审”风险评估清单、系统工程文档和Web链接	https://nserc.navy.mil/Pages/default.aspx https://nserc.navy.mil/seresources/Pages/default.aspx

续表

项目/名称	描述/信息	网 址 链 接
多用户 ECP 自动审查系统（MEARS）	MEARS 是一个基于网络的政府现有系统，用于处理工程变更文件。网站链接包含信息和概念验证（POC）	https://acc. dau. mil/CommunityBrowser. aspx? id=32236&lang=en-US
自动化需求路线图工具（ARRT）	ARRT 是一个用于编写基于性能需求的软件工具。使用 ARRT，您可以编写/创建性能工作声明（PWS）和质量保证监督计划（QASP）。ARRT 在 Microsoft Office 应用程序上运行，并生成 MS Word 文档以用于您的采办工作	http://sam. dau. mil/Content. aspx? currentContentID=arrt
系统工程知识体系指南（SEBoK）	SEBoK 提供了一个关键系统工程知识来源和参考纲要，为帮助各类用户进行组织和解释。它是一个活化的产品，不断接受社区的输入，定期翻新和更新	www. sebokwiki. org
ASSIST 数据库	下载国防部标准和规范、危险品（HAZMAT）信息、数据项说明（DIDs）、采用的非政府标准、行业和国际规范与标准链接、国防部概念验证（POC） 例如，您可下载： MIL-STD-810G，国防部试验方法标准（环境试验）； MIL-STD-882D，系统安全； MIL-STD-963B，数据项说明； MIL-HDBK-245D，编制工作说明（SOW）； MIL-HDBK-881A，工作分解结构； MIL-HDBK-502，采办后勤； MIL-HDBK-61A，配置管理； MIL-STD-961E，国防和项目独特规范； MIL-STD-1521B（已撤销），技术审查	https://assist. dla. mil/online/start/ 需密码访问 http://quicksearch. dla. mil/ 无须密码
国防部规范和标准存储库	获取规范和标准的信息和链接 刊物图书馆和链接	http://www. dsp. dla. mil/APP _ UIL/SpecsAndStandards. aspx? action = content&accounttype=displaySpecs&contentid=40
美国国家标准协会	规范和标准	www. ansi. org
电气和电子工程师学会	规范和标准	www. ieee. org

续表

项目/名称	描述/信息	网址链接
国家标准体系网络	规范和标准——搜索引擎	http://www.nssn.org/
国际标准化组织（ISO）	规范和标准	http://www.iso.org/iso/home.htm
规范和标准工具	Turbo SpecRite（一款帮助制定性能规范的工具）以及其他规范和标准工具	http://www.seaport.navy.mil/Learn/Training.aspx
联合频谱中心（JSC）	JSC的网站内容： 一幅电磁频谱图、联系信息、大量其他网站链接（国防部、军种机构、美国政府、国际机构）	http://www.disa.mil/Services/Spectrum/About-Us/Joint-Spectrum-Center
美国海军南方司令部（NAVSO）P-6071，最佳实践——在从开发到生产的过渡过程中如何避免意外	确定潜在的不良后果，以及避免或减轻这些后果的特定（已证实的）最佳实践	http://www.bmpcoe.org/library/books/navso%20p-6071/2.html
国防部4245.7-M，从开发到生产的过渡	在以下方面提供帮助：构建技术健全的项目，评估项目风险，确定需要采取纠正措施的领域。 注意：DoD 4245.7已被扩展到4本书中（可从国防采办大学图书馆查阅）： -降低技术风险的设计； -设计对后勤的影响； -将设计投入生产； -验证设计和制造就绪性的试验	www.dtic.mil/whs/directives/corres/pub1.html http://www.dau.mil/library/
国防部IT标准注册中心（DISR）	DISR包含了适用于所有生产、使用或交换信息的国防部系统标准列表。（链接为各标准化组织）。 DISR前身称“联合技术架构”（JTA）。 在线DISR网站替换（包含）了原JTA网站，是DISR / JTA的电子版本 在线DISR包含工具、问卷、创建IT概要文件的用户指南	https://gtg.csd.disa.mil/uam/registration/register

续表

项目/名称	描述/信息	网址链接
国防部制造技术项目——指南和刊物	DoD 技术成熟度评估手册。 渐进式采办环境中的技术过渡管理者指南。 技术转型以满足可负担性：国防部采用商业实践的科技项目经理指南。 国防科技规划文件：4 年一次的国防审核报告（QDR）和转型规划指导	https://www.dodmantech.com 需密码访问
TurboTPMM 技术项目管理模块	TurboTPMM 是一个用于管理任何领域技术开发的应用程序，并帮助将技术过渡到采办客户。点击联系网站所列的各概念验证（POC）获得 TurboT-PMM 模型，以及基于该模型的快速查看清单	www.TPMM.info
减少制造业资源和材料的短缺	网络版本的《减少制造来源和材料短缺指南》超链接	https://acc.dau.mil/dmsms-guidebook

A7 相关软件资源

软件工具资源如表 A7 所列。

表 A7 软件工具资源

项目/名称	描述/信息	网址链接
国防部网络安全和信息系统信息分析中心	刊物、最佳实践、工具、资源、文档	https://www.csiac.org/
软件安全保障	第一个链接：下载 2007 年 7 月 31 日技术现状报告（SOAR）。 第二个链接：信息保障技术分析中心	http://iac.dtic.mil/iatac/download/security.pdf http://iac.dtic.mil/iatac
系统软件联合体有限公司（原软件生产力联盟 SPC）	流程、方法、工具、保障服务 一些资产仅对联盟成员可用	http://www.hoovers.com/company/Systems_and_Software_Consortium_Inc/rytriff-1.html
软件程序管理器网络（SPMN）	经验教训、最佳实践、16 个关键软件实践、试验指南、配置管理。 最初由国防部赞助，现为一商业实体	http://www.spmn.com

续表

项目/名称	描述/信息	网址链接
软件工具	大量软件、信息保障和软件采办管理工具、清单和其他资源	https://acc.dau.mil/CommunityBrowser.aspx? id=22031 https://dapdev.dau.mil/aphome/das/Lists/Software%20Tools/US%20Army.aspx? stag=U.S.%20Army&sgroup=Organization%20Name
海军开放式体系结构工具	可帮助海军项目经理评估和理解其项目“开放性”的开放架构相关工具和模型	https://acc.dau.mil/CommunityBrowser.aspx? id=22104
实用软件和系统测量	基于最佳测量实践（国防部DoD，政府，行业）和ISO测量标准的信息。 为企业级管理提供依据。提供一些免费指南和手册	www.psmsc.com
软件工程测量与分析	软件工程研究所（SEI）在软件测量和分析领域提供指导和专业知识	http://www.sei.cmu.edu/measurement/index.cfm
软件工程研究所	软件工程研究所是一个由联邦注资的国防部研发中心，由国防部长办公厅（OSD）采办技术与后勤部（AT&L）赞助。 “核心+”旨在帮助其他人在软件工程能力方面进行有度量的改进。 网址链接为SEI主页，以及技术信息软件工程存储库	http://www.sei.cmu.edu/ https://seir.sei.cmu.edu/seir/
软件工程研究所能力成熟度模型	软件工程研究所是软件能力成熟度模型（SW-CMM）的初始开发者，现已被一名为CMMI的集成模型所取代。 网址链接提供了CMMI信息以及和传统能力成熟度模型信息	http://www.sei.cmu.edu/cmmi/ http://www.sei.cmu.edu/cmmi/start/faq/related-faq.cfm
软件相关课题的报告	大量免费报告，包括： -国防部采办的敏捷方法； -理解和利用供应商的CMMI工作指南； -构建面向服务的系统； -国防部环境下的非商业软件许可权； -国家网络安全的最佳实践； -开发、服务和采办（初级）的能力成熟度模型集成	http://www.sei.cmu.edu/library/abstracts/reports/

续表

项目/名称	描述/信息	网址链接
软件安全	安全构建（BSI）网站包含并链接到最佳实践、工具、指南、规则、原则和其他资源的软件开发者、架构师和安全从业者	https://buildsecurityin.us-cert.gov/
采办社区连接	ACC 系统工程和 IT 实践社区以及软件采办管理特别兴趣区包含许多软件相关资源	https://acc.dau.mil/
空军软件技术支持中心（STSC）	STSC 是 *CrossTalk*（串扰）的出版商，该月刊杂志主要刊登软件管理问题和现有实践，还包括试验内容。 网址链接为 STSC 的主页、刊物《成功采办和管理软件密集型系统指南》和《软件开发成本估算指南》	http://www.stsc.hill.af.mil/ http://www.stsc.hill.af.mil/resources/tech_docs/ http://www.stsc.hill.af.mil/consulting/sw_estimation/estimatingguidebook.html
陆军软件工程中心	软件支持中心	http://www.sec.army.mil/secweb/
继续教育中心（CLC）短期课程	信息保障、企业集成、互操作性、海军开放式体系架构和网络就绪关键性能参数（Net-Ready KPP）等领域的远程学习短期课程	http://clc.dau.mil/
联邦首席信息官委员会	网站包含最佳实践、指导手册、报告和其他文档	http://www.cio.gov 点击相应资源
企业资源规划（ERP）项目	国防部企业一体化工具包（一个商用现货采办软件和系统集成框架）	https://acc.dau.mil/CommunityBrowser.aspx? id=153015&lang=en-US
国家漏洞数据库	一个综合网络安全漏洞数据库，包含并链接到众多资源和信息源	http://nvd.nist.gov/